XUE KE XUE MEI LI DA TAN SUO

学科学魅力大探索

U0739696

科技历史跟踪

台运真 编著   丛书主编 周丽霞

化学：看不见的大变化

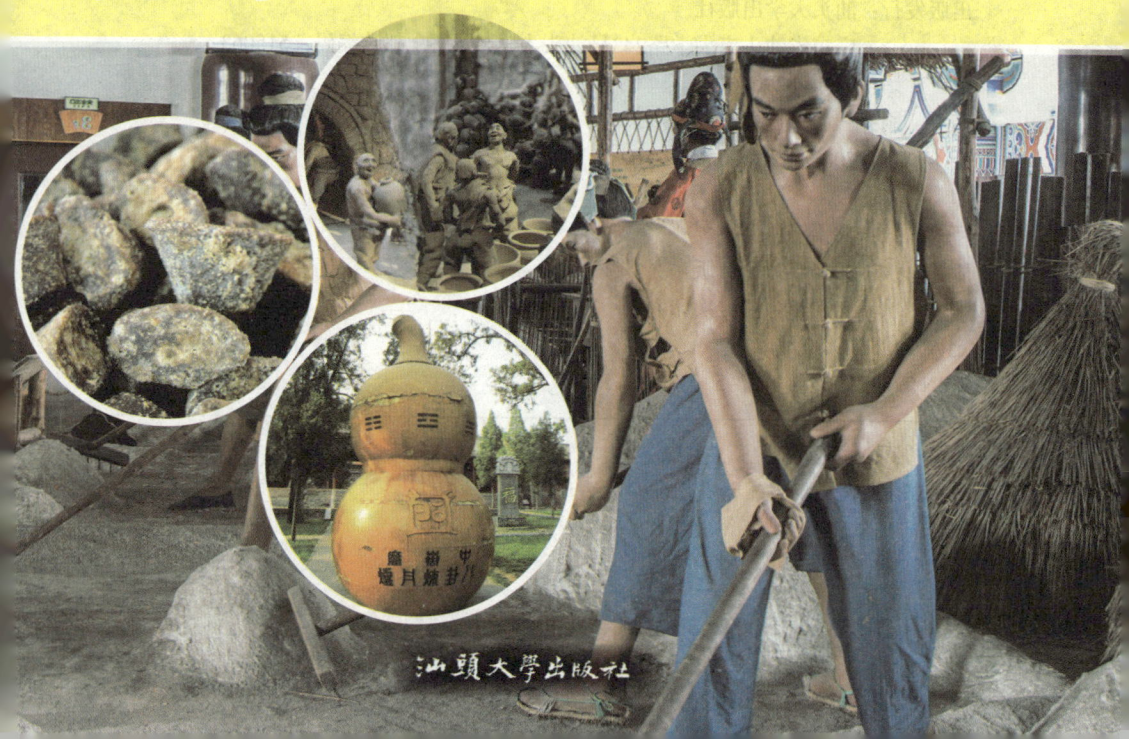

汕头大学出版社

图书在版编目（CIP）数据

化学：看不见的大变化 / 台运真编著. -- 汕头：
汕头大学出版社，2015.3（2020.1重印）
　　（学科学魅力大探索 / 周丽霞主编）
　　ISBN 978-7-5658-1717-5

Ⅰ．①化… Ⅱ．①台… Ⅲ．①化学－青少年读物
Ⅳ．①06-49

中国版本图书馆CIP数据核字(2015)第028180号

化学：看不见的大变化　　　HUAXUE：KANBUJIAN DE DABIANHUA

编　　著：台运真
丛书主编：周丽霞
责任编辑：邹　峰
封面设计：大华文苑
责任技编：黄东生
出版发行：汕头大学出版社
　　　　　广东省汕头市大学路243号汕头大学校园内　邮政编码：515063
电　　话：0754-82904613
印　　刷：三河市燕春印务有限公司
开　　本：700mm×1000mm 1/16
印　　张：7
字　　数：50千字
版　　次：2015年3月第1版
印　　次：2020年1月第2次印刷
定　　价：29.80元
ISBN 978-7-5658-1717-5

前　言

　　科学是人类进步的第一推动力，而科学知识的学习则是实现这一推动的必由之路。在新的时代，社会的进步、科技的发展、人们生活水平的不断提高，为我们青少年的科学素质培养提供了新的契机。抓住这个契机，大力推广科学知识，传播科学精神，提高青少年的科学水平，是我们全社会的重要课题。

　　科学教育与学习，能够让广大青少年树立这样一个牢固的信念：科学总是在寻求、发现和了解世界的新现象，研究和掌握新规律，它是创造性的，它又是在不懈地追求真理，需要我们不断地努力探索。在未知的及已知的领域重新发现，才能创造崭新的天地，才能不断推进人类文明向前发展，才能从必然王国走向自由王国。

　　但是，我们生存世界的奥秘，几乎是无穷无尽，从太空到地球，从宇宙到海洋，真是无奇不有，怪事迭起，奥妙无穷，神秘莫测，许许多多的难解之谜简直不可思议，使我们对自己的生命现象和生存环境捉摸不透。破解这些谜团，有助于我们人类社会向更高层次不断迈进。

其实，宇宙世界的丰富多彩与无限魅力就在于那许许多多的难解之谜，使我们不得不密切关注和发出疑问。我们总是不断去认识它、探索它。虽然今天科学技术的发展日新月异，达到了很高程度，但对于那些奥秘还是难以圆满解答。尽管经过许许多多科学先驱不断奋斗，一个个奥秘不断解开，并推进了科学技术大发展，但随之又发现了许多新的奥秘，又不得不向新的问题发起挑战。

宇宙世界是无限的，科学探索也是无限的，我们只有不断拓展更加广阔的生存空间，破解更多奥秘现象，才能使之造福于我们人类，人类社会才能不断获得发展。

为了普及科学知识，激励广大青少年认识和探索宇宙世界的无穷奥妙，根据最新研究成果，特别编辑了这套《学科学魅力大探索》，主要包括真相研究、破译密码、科学成果、科技历史、地理发现等内容，具有很强系统性、科学性、可读性和新奇性。

本套作品知识全面、内容精炼、图文并茂，形象生动，能够培养我们的科学兴趣和爱好，达到普及科学知识的目的，具有很强的可读性、启发性和知识性，是我们广大青少年读者了解科技、增长知识、开阔视野、提高素质、激发探索和启迪智慧的良好科普读物。

目　录

原始时期的化工制陶术

陶制品是我国先民日常生活中不可缺少的物品，是人类生活跨入新石器时期的一个重要标志。同时，陶器是人类掌握的第一种利用化学手段而创造的人工制品。

陶器的烧成是以自然物为原料，通过高温下的化学反应而创造出的新材料。在高温环境中，泥坯不但改变了它的自然物的形态，而且也改变了它的本质。

有一天，天空下起了大雨，原本干爽的泥土被雨水都弄湿了，人在出行时弄了一脚的泥巴。雨过天晴之后，人们发现脚上的泥巴全部干了，硬硬的，像个瓦罐儿一样套在了脚上。

原来，人们脚上沾的不是普通的泥土，而是黏土。黏土具有黏性和韧性，遇到水会变软，可以塑造成各种形状；而晒干后又变得坚硬起来，使塑造的形状定型。

人们惊喜地互相转告这个发现，于是

部落里的人开始用黏土制作各种容器。

在远古时期，生活在黄河中下游的华夏部落，每天都离不开与泥土和火打交道。但就是这泥土与火在某一特定时刻的相遇，成为了流传至今的陶器。

有一次，部落中的几个人在一起准备烧烤食物，一时忘记了将盛放物品的容器收起来，当用火烧烤食物时，不小心烧到了容器。这一烧不要紧，竟然意外地把原本有些发软的容器烧得结实而坚硬。

容器被火烧过的地方已经变黑了，这几个健忘的人害怕被同伴训斥，赶紧拿着容器到河边去洗。结果不但洗不掉黑渍，平时遇水就变软的容器反而不"怕"水了。

这个新的发现，使人们更加惊喜，于是把黏土做的其他容器也拿来烧。黏土容器经过高温烧制，都变成了坚实、耐用的器皿。

接着，人们又找来许多黏土，用水湿润成泥，再塑造成某种形状的泥坯。等这些泥坯干燥后，放在火中烧烤，制成了更多的质地坚硬的器皿。于是，影响人类生活千万年的陶器，就这样机缘巧合地产生了。

陶器的发明是人类在认识自然、改造自然过程中取得的首批重要成果。而由柔软的黏土变成坚硬的陶器，这是物质的一种质的变化。

黏土是某些岩石风化的产物，由云母、石英、长石、高岭土、方解石以及铁质、有机物所组成。经过800度以上温度的烧烤，会发生一系列的化学变化，包括失去结晶水、晶形转变以及低熔点的玻璃相生成等，从而使制品变得致密和具有一定强度。

因此可以说，陶器的烧成是一个化学过程，是人类历史上最早进行的化工生产。

陶器在烧制之前，首先要选择制陶原料，淘洗和陈化黏土原料，以及制作泥坯和施加陶衣等。这是保证烧制过程中发生正常化学变化必不可少的准备工作。

当时的制陶原料是经过选择的。尽管各地资源状况不一样，先民还是根据自己在制陶实践中逐步摸索出的经验，通常是选择那些含杂质少、黏性大的黏土为原料。

黄河流域的黄土中含有很多适合做陶器的黏土，但有些由于其含杂质多，砂粒多，氧化钙含量高，所以可塑性差，不仅难成型，而且烧成后的质量也差，故不是所有的黏土都能用来制陶。

先民们往往选用沉积土、红土、黑土或其

他颗粒较细的黏土来制陶，道理也在这里。

华夏部落实际的生活聚居点并不都是在黄河边，制陶只能是就地取材，所取的黏土就不一定像黄河边那样具有较好的质量。人们在实践中发展了对制陶黏土的淘洗工序，通过水的淘洗可以除去黏土中的粗大砂粒。

例如，在裴李岗文化的遗址中，就曾发现过制陶的淘洗池。

在淘洗过程中，部分粗大的颗粒由于水的浸润作用而会碎裂，若淘洗后再在水中陈放一些时间，这种润碎过程会进行得很彻底，从而使黏土的可塑性很到很大的提高。

由这一经验人们开始体会到，黏土的可塑性与水分有关，与其湿润程度有关。具有适宜的含水量是制陶泥料体现可塑性的必要条件。

先民掌握含水量的方法主要凭经验，用手捏泥，既不粘手，又不开裂，并感到有一定的韧性，即合适了。从现代陶瓷工艺学的知识来看，可塑性只发生在某一最适宜的含水量范围。

陈化过程的实质是黏

土中一些固态成分在水的作用下，变成饱含结晶水的凝胶体，凝胶体的存在是可塑性的化学物质基础。

总之，识别并选择黏土，再用淘洗、陈化的方法来提高黏土的可塑性，是新石器时期先民在制陶技术中取得的重要科学成果。

有些易熔黏土在干燥和烧成中常常发生开裂现象。为了解决这一问题，先民起初运用在黏土中搀入植物的叶茎和稻壳的办法。

不久人们就发现，在高温的烧烤中，这些植物的叶茎、稻壳会燃烧而炭化，最后又形成了陶胎结构中的空洞，这就势必影响陶器的使用质量。

因此，人们在烧制用做炊具的陶器时，往往在黏土中搀入少许细砂，加多加少根据黏土的性质和所要烧制的陶器的品种而定。

据分析，新石器时期的许多夹砂陶器，大都掺入一定量的砂粒于黏土中，从而提高了陶器的耐热急变性能。这是新石器时期制陶术的又一项科技成果。

选择好制陶原料，并将黏土加工成待用泥料，下一步制陶工序即是体现手巧和智慧的成型过程。

小型的器具可以靠手捏成型，但做较大的器具时，靠手捏不仅很难，要求十分规整就更难。为此，先民们发明了泥条圈筑法。

泥条圈筑法是将坯泥制成泥条，然后圈起来，把泥圈一层层

叠上去，黏合后再将里外抹平成型。另外还有泥条盘筑法，即采用一根长泥条连续盘旋向上筑造，然后里外抹平成型。

这两种方法实质上没有什么差异，它们沿用了很长时间，即使今天的手工制陶还常用这些方法。

在古代，制坯最初可能是放在木板、竹席或编织筐上，便于移动和操作。后来发现只要下面的垫板可以转动，操作起来就更方便了，于是发明了慢轮。

慢轮是一种用脚或其他动力转动的圆盘，泥料在转动的圆盘上用泥条盘筑法制成陶坯，稍干后再在慢轮上整形、拍打。

有了慢轮，不仅陶坯的形状可以圆正规矩得多，而且制作的速度也大大加快了。慢轮的使用是陶瓷工艺史上一项具有深远意义的成就,它是后世陶瓷生产中辘轳车的鼻祖。

为了增加陶瓷的美观,陶坯在烧成之前,人们常用鹅卵石或骨器之类对陶坯表面进行碾压摩擦,使它显得光滑。这样做与拍打效果一样,会促使陶质更加致密,减少开裂。

这种表面碾光的陶器,最早见于裴李岗文化、磁山文化、仰韶文化和龙山文化,这种技术在当时已很流行。

在釉陶出现以前,众多陶器的表面都有纹饰,施加纹饰既美观,又加固了陶坯。不同的纹饰往往体现了不同文化的特征,也就是说纹饰不仅是艺术美的展现,也是人们信仰和精神的表露。

表面修饰的另一种方法是在陶器的内外表挂上一层陶衣。其方法是用颗粒较细的黏土制成泥浆,再将它施于半干的陶器表面。

实际上,施加陶衣的方法在仰韶文化时开始流行,采用不同

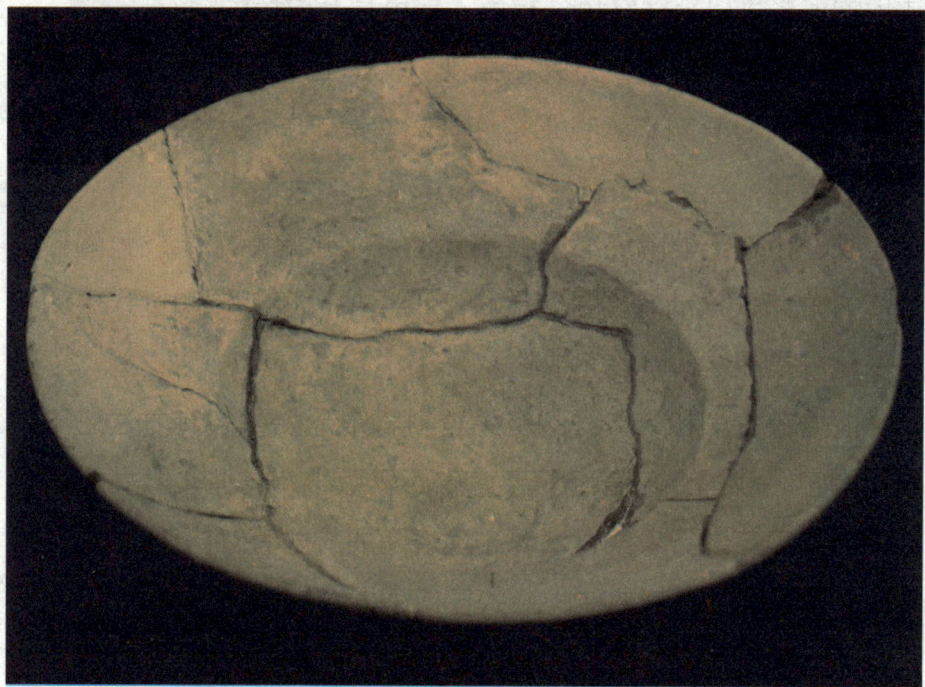

质地的泥浆可以获得红色、棕色、黑色甚至白色的陶衣。

陶衣不仅使陶器显得光洁美观，同时也便于施彩，大多数的彩陶都是表面有陶衣。也正是这种陶衣装饰方法为后来釉的发明奠定了基础。

成型和晾干的陶坯必须在一定温度下烧烤后才能成为陶器。烧陶方法和火候的掌握是陶器生产的重要环节，制陶过程中的化学变化就是在这一阶段完成的。

根据考古学和人类学的有关资料，最原始的烧陶方法还不是利用陶窑。我国专家曾经对云南省西双版纳州一些少数民族居住地的制陶工艺进行考察，发现当地烧陶的方式有3种：平地露天堆烧；一次性泥质薄壳封烧；竖穴窑或横穴窑烧陶。

平地露天堆烧，是先将陶坯置于铺在地上的木柴之上，点火烧干，趁坯体还热，再在陶坯周围架起木柴垒成堆状，继续烧烤。

这个过程约需两个小时，最高温度可达900度。烧完后，即将陶器挑出，趁热用虫胶涂抹口沿。

若做酒坛则通体内外都涂抹，以减少容器的渗漏。若用稻草或碎木片为燃料，则在烧烤过程中随时添加稻草，以免陶坯外露。这种方法升温快，烧成时间短，但是保温不好，温度不均衡，热效率也较低，坯体难免时有生烧现象。

一次性泥质薄壳封烧，是先在地面上铺上一层木柴作窑床，把预先烘干的陶坯放置其上，四周和顶部围堆上柴草，外面再用稠泥

浆抹上一层，使柴草外面裹上一层约1厘米厚的泥皮，形成"泥质薄壳窑"。点火后，用棍子在窑顶戳几个洞，以便出烟之需。

这种烧陶方法相对于平地堆烧，显然保温较好，可以通过调整窑顶的出烟孔，甚至可以将贴近地面的窑皮掀起，以调节窑内温度，烧成温度为800度至900度，消耗燃料明显减少。

竖穴窑或横穴窑烧陶大多是选择一坡地挖成简单的窑，窑室在上，火膛在下，中间通过火道和火眼将它们相连，陶坯放在用泥柱撑起的窑箅上。火膛点火燃烧所产生的火焰，通过火道、火眼进入窑室，烧烤陶坯。

由上述资料可以清楚地看到，在远古时代的烧陶技术从无窑烧陶到有窑烧陶的演进历程，表明当时的陶器烧制技术尚处于化工制陶的初级阶段。

延 伸 阅 读

关于陶器的发明古人有很多传说。比如：燧人氏即传说中钻木取火之人，因为制陶的关键在火烧，故有人认为是燧人氏发明制陶。神农氏是传说中农耕技术的创始者，制陶术也是他发明的；轩辕氏即黄帝，是传说中的一位领袖，他在民族社会中设立陶正这一官职，因此也说制陶是他发明的。

异军突起的唐宋时期瓷艺

　　唐宋时期的陶瓷化工工艺可谓异军突起，创制了许多高质量的陶瓷作品，为人类历史写下了光辉的一页。

　　唐宋时期，唐代德化白瓷在我国白瓷系统中具有独特的风格，也在国际上有"东方艺术"之声誉。宋代六大窑系的化工铸陶工艺独具特色，制作出了被人们长久喜爱的艺术品。

　　唐朝开元年间，杨贵妃因其天生丽质、柔媚婉顺而得唐玄宗极尽宠爱。为讨杨贵妃欢心，唐玄宗可谓费尽心机，"一骑红尘妃子笑，无人知是荔枝来"便是最著名的典故。

　　杨贵妃精通音律，不仅擅长歌舞，还是个击磬高手。唐玄宗为讨得美人欢心，特意命人以白瓷造

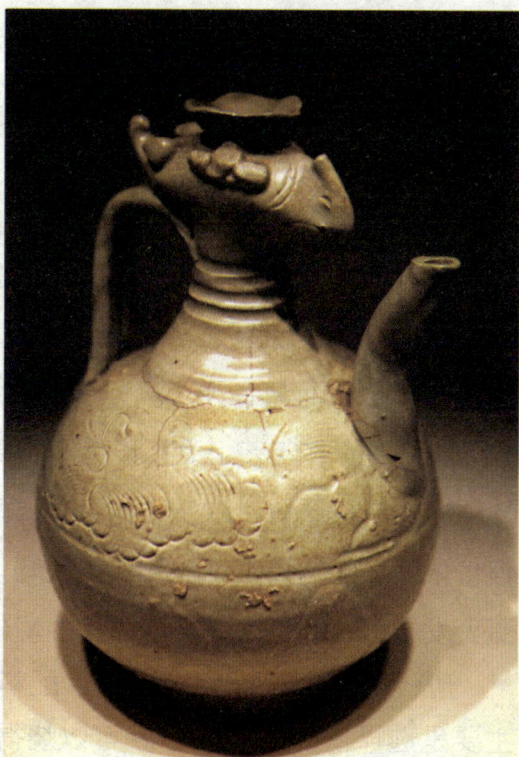

为编磬，供杨贵妃赏玩娱乐。然而官窑所炼造的白瓷虽然莹白细腻，敲击之音却浑浊黯哑，杨贵妃甚为不悦。

唐玄宗为换杨爱妃一笑，遂下令征集天下能工巧匠，有造出白瓷编磬能发出清脆婉转之声者，赏金千两并封为御用瓷窑。诏书下发3个月，所贡白瓷编磬数不胜数，虽然皆洁白胜霜雪，却尽不能得清脆之声。

此时，一座瓷窑派人不远万里从福建德化而来将所制白瓷编磬献上，杨贵妃敲击这"类银类雪，轻且坚"的白瓷编磬，"犹如金振玉声"，甚为欢喜。

唐玄宗见爱妃开怀遂大悦，赏金千两并赐御用官窑金印一枚，当时称为"金印良瓷"、"金印瓷"。德化白瓷也以"声如磬、白如玉"而闻名天下。

唐代白瓷在工艺上之所以能取得突出成就，固然主要取决于质地纯净的制瓷原料，以及结构合理、配套齐全的先进窑具和窑炉，但也依赖工匠的精工细作和熟练技巧。这些经验为此后北方白瓷的更大发展，特别是宋代定窑白瓷的崛起，奠定了技术基础。

唐代瓷工们认识到在选料、配料中设法排除铁的呈色干扰，主要是选择铁少的瓷土，就可以烧得白瓷；相反，若在釉料中有意加重铁的成分, 即添加适量的赭土, 再加大焙烧时的通风就会烧成黑瓷。

后来唐代的工匠又掌握了在铅釉中加入少量含钴、含锰的矿物, 增加了铅釉的色彩, 使 "唐三彩" 陶器能以艳丽多彩、生动形象的艺术特色流行于世。而宋代以后的各种釉上彩就是在此基础上一步步发展起来的。

在唐代瓷业大发展及瓷艺显著进步的基础上, 宋代瓷业出现一派繁荣, 形成了人们通常所说的五大窑系: 定窑系、耀州窑系、钧窑系、磁州窑系和龙泉青瓷窑系, 而其中的化工铸陶工艺更具特色。

定窑是宋代著名的瓷窑之一, 据考古发现, 定窑的窑址在今河北省曲阳县涧磁村及东西燕山村。曲阳县宋属定州, 故定窑因地而得名。

定窑形成了自己独特的工

艺技术，以大量烧制别具风格的刻花、印花白瓷而著称于世，开创了我国日用白瓷装饰的先河，对后世影响极为深广。

北宋时期定窑白瓷在釉色上略带牙黄，这主要因为瓷器是在氧化焰中烧成。釉薄而透明，胎上的印花、刻花明显透露，有的连胎色也显现在外。

宋代定窑白瓷除其釉色有独特风格外，新颖的装饰艺术也是使它闻名的重要因素。其装饰方法有3种：刻花、划花、印花。

它吸取了越窑的浮雕技法，又以刻花结合篦状工具划刻复线来装饰图案，更增强了纹饰的立体感。印花装饰也具有线条细密、层次分明的特点，不仅美观，而且也提高了加工效率。

此后定窑的装饰技巧被推广到其他名窑，促进了各地陶瓷装饰艺术的发展。

定窑在烧制工艺上的一项创造是采用覆烧的方法，即将盘、碗、碟之类器皿反扣地装入支圈式匣钵内烧成。这种方法达到密

排套装的效果，提高了窑室空间的利用率，既节约了燃料，还可防止器皿变形。

　　这种方法也很快被推广开来。但是覆烧工艺也有不足之处，器皿的边沿往往出现无釉的芒口。当时为了弥补这一缺陷，工匠们又创造了运用合金镶包边沿的方法，从而增添了新的装饰手段。

　　总之，从装饰艺术和制造技术水平来看，北宋时期定窑白瓷都属于高水准的，被列为宋代名窑之一，当之无愧。

　　磁州窑位于今河北邯郸的观台镇和彭城镇附近以及东艾口村、冶子镇一带，在宋代属磁州，故名之。

　　磁州窑以白釉、白色化妆土、黑釉、黑色绘料、红色料以及黄、绿、蓝等玻璃釉为主要装饰材料，更通过画花、剔花、划花等工艺手段，创造出称为"铁锈花"的装饰，发展了刻、划花技艺，发明了红绿彩以及窑变黑釉等技艺，从而构成了磁州窑装饰艺术的多种特征。

铁锈花是将我国民间绘画剪纸技巧开始运用于陶瓷装饰的一种创造，常见的有白地铁锈花、黑釉铁锈花、彩釉铁锈花和铁锈花加彩。

白地铁锈花即在敷有白色化妆土的坯体上用斑花石色料绘画，敷釉料后烧成。由于烧成温度的高低不同，会在白地上呈现出黑花或酱色花，实际是一种釉下彩。

黑釉铁锈花，即在已施黑釉的坯体上绘彩，烧成后呈现黑地褐彩。

彩釉铁锈花，即在敷有白色化妆土的坯体上绘花，经素烧后，再施各色玻璃釉，二次烧成，所以也属釉下彩。

铁锈花加彩则是在白地铁锈花基础上，加上点画不同配比的斑花石和白色化妆土的混合料，烧成后呈现出黑花和不同深浅的酱彩。

磁州窑的制瓷工匠勇于探索，在工艺上广采博收，在工艺和装饰艺术上更是别具匠心，有许多创新，为后来彩瓷的发展提供很多经验

和借鉴。

如果说白瓷的烧制成功在陶瓷工艺发展上具有划时代的意义，那么磁州窑在白瓷装饰上的探索为陶瓷工艺的发展开创了崭新的境界。

钧窑在今河南省禹县，瓷窑遗址遍及县内各地，已发现古窑址100多处。

传统钧瓷的独特之处在于它的釉是一种乳浊釉。由于釉内含有少量的铜，而铜又会处于不同的氧化态，因此烧出来的釉色丰富多彩，会有天青、天蓝、蓝灰、葱绿、灰绿、黑绿、红等多种色调，突破了纯色釉的范围。

特别是它在瓷釉工艺中开创了以氧化铜为着色剂，而在还原气氛中烧制成功了铜红釉，为瓷釉着彩工艺开辟了新的境界。

还有一种窑变彩釉，釉色红紫相映，犹如蔚蓝天空中出现一

片红色晚霞，构成了钧窑颜色釉瓷耀眼多彩的特色。

钧窑大部分产品的基本釉色是各种浓淡不一的蓝色乳光釉，蓝色较淡的称为"天青"，较深的为"天蓝"，比天青更淡的称为"月白"。这几种釉都具有荧光一般的幽雅光泽，其色调非常美。

宋代钧釉大都是均匀纯粹的天青色，虽属乳光釉，但无任何窑变现象。而官钧釉则大多是典型的窑变釉，这类釉在天青色或紫红色背景上密布着淡蓝至蓝白色的窑变流纹。

龙泉窑在今浙江省龙泉县境内，因地而得名。北宋初期，在越窑、婺窑、瓯窑的影响下，龙泉窑兴起，主要生产青瓷。

宋南时期以后，在国内外市场的刺激下，龙泉窑在南宋中、晚期进入鼎盛时期，先后烧制出代表龙泉窑特色的粉青和梅子青釉瓷器，釉色葱翠如青梅，它被人誉之为"青瓷釉色之美"的顶峰。

有各类盆、碟、碗、盏、壶等日用品，也有如水盂、水注、笔筒、笔架等文房用品，还有佛像、香炉等供祭奉用品和工艺品。

龙泉窑制瓷的主要原料是当地盛产的瓷石、原生硬质黏土以及紫金土。

瓷石由石英、绢云母和高岭石等矿物组成；原生硬质黏土由石英和高岭石等矿物组成；紫金土是一种含铁特别高的黏土，系由长石、石英、含铁云母及赭土组成。用上述原料烧制成的胎属于石英、高岭、云母质瓷器，与景德镇瓷器在矿物组成上属于同一类型。

生产黑釉青瓷，特别是具有"开片"装饰的黑胎青瓷是龙泉窑的创举。黑胎由于其胎色黑灰如铁，又被称为"铁骨胎"，这是有意在坯料中加入紫金土的结果。

开片是由于胎与釉的热膨胀系数相差较大，导致在烧成后开窑时的冷却过程中，釉表面出现许多裂痕而形成。

这本来是工艺中的一种缺陷，然而窑工们在开窑后，将草木灰抹入裂纹填平，致使釉面出现黑色碎冰裂纹，于是变病态为美，别有风味。

窑工们的这一发现后来却成为釉面的一种独特的装饰，也称为"百圾碎"、"蟹爪纹"，深受人们喜爱。具有这种装饰的瓷器便专称为"碎器"，成为龙泉窑的珍品。

在已发现的宋代瓷窑中，有1／3的瓷窑烧造黑瓷。特别是其中一种黑釉碗盏，产量特

别大，这与宋代盛行的"斗茶"风气有关。"斗茶"使饮茶者具有一种超出止渴作用的典雅风尚。

黑釉就其釉色来说，并不雅观，但是经制瓷工匠的特殊加工后，釉面上烧出了丰富多彩的点缀，具有浓郁的乡土气息，从而深受欢迎，风行众多地区。

黑釉的装饰大体有兔毫盏、油滴釉、玳瑁釉、剪纸漏花、黑釉剔花、黑釉印花等。

兔毫盏，碗身里外的黑釉上都有细长的条状白纹，细长的程度很像兔毛一样，并闪烁着银光色，所以叫"兔毛斑"、"玉毫"、"鹧鸪斑纹"。其产品以福建的建阳窑最著名。

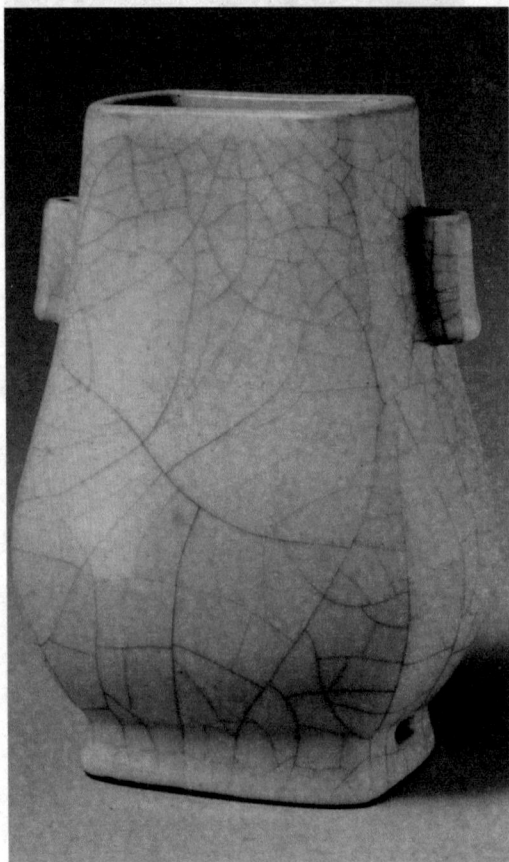

油滴釉，黑釉面上可以看到许多具有银灰色金属光泽的大、小斑点，形似油滴，又很像黑夜天空上的繁星，大小不一，大的约可达数毫米，小的只有针尖大小，我国叫它为"油滴斑"、"鹧鸪斑"。

日本人也极喜爱它，称它为"天目釉"。其产品在南北许多窑都曾有过生产，也以福建建阳窑最典型。

以上两种釉在现代陶

瓷学中根据其生成机理，称为"结晶釉"。这两种瓷品是建阳窑的高档产品，极难烧制，出土及传世的极为罕见。

玳瑁釉，以黑、黄等色彩交织混合在一起，有如海龟的色调，宋代称这种瓷为玳瑁盏。这种釉应属于以黑釉为基调的花釉中的一种。它色调滋润，在当时以江西吉安永和窑的产品最著称。

剪纸漏花，是把当时民间的剪纸花式移植到黑釉茶盏而创造出来的黑底白花的瓷器装饰新手法。产地主要在南宋时期的江西吉安永和窑。

黑釉剔花，是在坯胎上着以黑釉料，再剔刻流畅的线条或图案，露出内部的白色胎体，以装饰黑釉瓷。这一手法在当时南北方的瓷窑中都有使用，风格因地而异，产品以山西雁北地区的最为杰出。

以上两种装饰，显然都是对北方磁州窑铁锈剔花装饰的继承和发扬。

黑釉印花，其装饰手段最早出现在定窑，以后许多窑都学习掌握了这种技法，其中山西部分地区制瓷工匠吸取了定窑的装饰

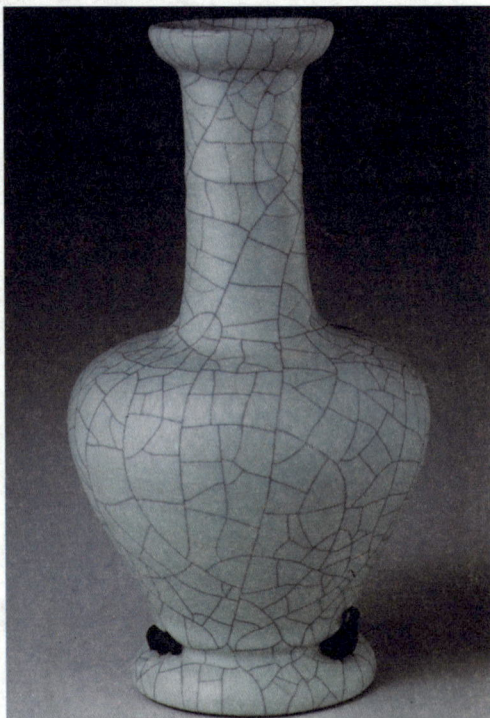

艺术的长处，又保留了本地区工艺特色而发展的黑釉印花瓷器最引人注目。

上述黑釉技艺及其装饰手段使黑釉瓷在宋代风行一时。各种不同品种的黑釉都含有较高量的铁的氧化物，这些氧化铁无疑是黑釉的主要呈色剂。此外黑釉中还含有少量的着色剂，虽然含量很低，但对色调变化有一定的影响。

延 伸 阅 读

宋代黑釉瓷器中最负盛名的，是福建的建阳窑和江西的吉州窑烧造的"油滴"、"兔毫"黑釉瓷。宋代大文豪苏轼曾经专门写诗称赞过兔毫盏。建阳窑的黑釉瓷兔毫盏不但为文人所津津乐道，还作为深受欢迎的商品，远销日本、东南亚、南亚乃至欧洲。

古代瓷艺的鼎盛时期

　　明清时期，景德镇以外的窑场先后衰落，各种具有特殊技能的制瓷工匠云集景德镇，造就了该镇的"工匠来八方，器成天下走"的繁荣局面。

　　景德镇先后生产的釉下彩青花瓷器、斗彩瓷器、五彩瓷器、珐琅彩瓷器以及粉彩瓷器，代表着当时我国制瓷工艺的最高水平。

　　相传在元代，某镇上有个刻花的青年工匠，名叫赵小宝。小宝有个未婚妻，名叫廖青花。

　　一天，青花问小宝："这瓷坯上的花儿，如果能用笔画上去，不更好吗？"

小宝皱了皱眉头，说："我早就想过，可是找了许多年，始终找不到一种适合画瓷的颜料。"

青花听后，暗暗下定决心，一定要想办法找到这种颜料。并央求专门找矿的舅舅，带她进山找矿。

开始舅舅不肯，说找矿太辛苦，女孩子吃不消。后来，经青花再三恳求，才勉强答应下来。

第二天，天刚拂晓，青花和舅舅便进山找矿去了。

秋去冬来，时间一晃过去了好几个月，小宝见青花和舅舅还未归来，放心不下，便冒着刺骨的寒风，踏着厚厚的白雪，直奔青石山找青花与舅舅。

小宝走了三天三夜，终于来到了山前，发现前面山谷有一缕青烟，顿时心头一热，匆忙朝冒烟的方向奔去。

来到山谷，小宝才看清，青烟是从一座倒塌了的炭窑里冒出来的，便钻进破窑，发现窑的一角堆满各色各样的料石。再一看，窑的另一角还躺着一个衣衫破烂的老人，老人身边堆有几段柴火，柴火上正冒着一缕缕青烟。

小宝仔细地朝老人瞧去，这才看清，躺在地上的老人正是青花的舅舅。他急忙抱起舅舅，不停地叫喊："舅舅！舅舅……"

老人渐渐苏醒过来，一看是小宝，急忙对小宝说："快，快，快上山……去接青花。"

小宝顺着舅舅指的方向，拼命朝山顶跑，在那里找到了青花冻僵的尸体。在她身旁的雪地上，还堆着一堆堆已选好的石料。小宝见状，哭得死去活来。

掩埋了青花，小宝含着泪水，搀扶舅舅回到镇上。从此，他开始潜心研制画料。他将青花姑娘采挖的石料研成粉末，配成颜料，用笔蘸饱，画到瓷坯上。经高温焙烧后，白中泛青的瓷器上出现了青翠欲滴的蓝色花纹，青花瓷便从此诞生。

青花瓷的出现，突破了我国瓷器以单色釉为主的框框，把瓷器装饰推进到釉下彩的新时代，形成了鲜明的景德镇瓷器风格。

釉下彩用含有钴的珠明料为着色剂，在瓷胎上绘画，再罩以透明釉，经高温烧成白地蓝花。

在明代的景德镇众多瓷器中，釉下彩青花瓷器一跃占据了主流地位，它较元代有了较大的发展，不仅表现在数量上，更突

出地体现在质量上。明代青花瓷的浓淡层次，是瓷工用小毛笔在涂抹青料时，利用笔触青料的多寡来掌握的；而清代的瓷工则已能熟练地运用浓淡不同的青料，调染出深浅有别的蓝色色阶。

清代学者朱琰在其《陶说》中记载的对钴土矿的淘洗、煅烧、拣选、磨细等加工，实际上是提高了青料中氧化钴的含量，部分地剔除了铁、锰氧化物的成分。

色料的磨细程度不仅影响画工，就对显色来说也很重要，色料愈细，更能使颜色均匀调和；若色料中有过粗颗粒，在烧成中就可能出现黑斑。正是在逐步认识、掌握青料的采集、加工的实践中，明代青花瓷器的发展经历了上述的曲折过程。至清代康熙、雍正、乾隆时期，景德镇的御器厂烧出的青花瓷达到了纯蓝色，不再泛紫色，并有深浅层次分明的青花色调，达到了比明代更高的工艺水平。

斗彩是指釉下青花和釉上彩色相结合的一种彩瓷工艺。在明成化年间斗彩瓷器的图案中，青花是主色。

它是先用青花勾画好图案的轮廓线，釉上色彩按青花规定的范围内填入，或用青花画好图案的一半，再用其他色彩填画另一半。有些图案则干脆基本上完全由青花来表现，其他色彩仅起点缀作用。

在明代嘉靖、万历年间，这种装饰绘画有了一个大变化，即图案是以红、淡绿、深绿、黄褐、紫及釉下蓝色交织绘成，彩色浓重，尤其突出红色，青花反而仅起蓝彩点缀作用。所以，明代成化年间的斗彩瓷器的风格以素雅取胜，而嘉靖、万历年间的斗彩，人们习称为"青花五彩瓷"，它以浓艳为特色。

五彩一般是在高温烧成的素白瓷上进行彩绘，然后在彩炉中经低温烧烤而成。假若炉温过高，将出现颜色流动而破坏画面；假若温度过低，则釉彩就光泽不足，附着力差。所以明代的五彩时有光泽晦暗的现象，而康熙五彩大多已是彩色鲜艳，光泽清澈明亮。

明代的纯粹釉上五彩瓷，一般包括红、绿、黄、褐、紫诸色，大多以红色为主。实际上，凡有红彩等三色以上的彩瓷，虽不够五色，也叫做"五彩"；无红彩的，则叫"素三彩"。

素三彩瓷器的发展，对于彩瓷工艺也是新的尝试。及至清代，特别是在康熙年间，五彩瓷器的工艺有了明显的发展。

康熙五彩除红、绿、赭、紫等色外，更发展出了釉上蓝彩和

黑彩，同时在五彩中加用了金彩。

金彩的运用也突破了明代嘉靖年间在矾红或霁蓝等上描金的单一手法。因此康熙五彩比明代的五彩更娇艳动人，从而把传统的釉上彩瓷工艺推向了高峰。

明清时期的珐琅彩也颇具特色。借鉴于明代"景泰蓝"制作工艺，在清代康熙年间工匠们创造了在铜、玻璃、料器、瓷器的胎子上，用进口的各种珐琅彩料描绘装饰而生产出多种珐琅器。

其中瓷胎画珐琅就是珐琅彩瓷器，俗称"古月轩"瓷器。它专供皇宫内皇亲妃嫔们赏玩和宗教、祭祀场合中使用，是极名贵的宫廷御器，产量很少，传世品也很少，历来被视为稀世珍宝。

珐琅彩料最初施用于宜兴紫砂胎上做出彩饰，以后又用于素烧过的白瓷胎上进行各种花卉图案彩饰。

据《清宫档案》记载，当时将景德镇烧好的优质白瓷坯胎运至京城，由御用画师和高水平的工匠，用从西方进口的珐琅彩料作画，然后入炉烘烧。烧成的器物由于彩料较厚，花纹凸起，富有立体感，画面瑰丽。

至清代雍正时期，珐琅彩瓷制作技艺更趋精湛，在彩绘上已改变原先只绘花卉的单调格局，而是在瓷胎上彩绘花鸟、竹石、山水等画面，还配以书法极精的诗词。

珐琅彩料品种很丰富，色泽也极鲜艳，有黄、蓝、绿、紫、胭脂红、粉红、白、黑等色。珐琅彩料的加工，与我国传统彩料不同，而是搬用了"景泰蓝"彩料工艺。是先将起呈色作用的金属氧化物与低温铅釉料一起粉碎、混合，熔融后倾入冷水中急冷成珐琅熔块，再经细磨而成已经呈色的各种珐琅粉彩料。使用时与胶混合，用毛笔蘸取在素瓷胎上绘画，然后再入炉烘烧。

珐琅彩的引入和珐琅彩瓷的烧制，都表明我国制瓷工匠在发展传统的制瓷工艺中是善于学习和吸收外来的先进技艺的。

在明清时期的五彩瓷器的工艺基础上，受珐琅彩制作工艺的影响，制瓷工匠经过反复的摸索实践，在康熙年间创制出了粉彩瓷器，这是一种具有独特风格的釉上彩新品种。自清代康熙年间之后，粉彩瓷器逐步成为我国彩瓷产品装饰方式的主流。

粉彩彩料的化学组成，基本上是在低温玻璃釉料中掺入一定量的金属氧化物和含砷的白色彩料配制成的。

当彩绘后的瓷品在750摄氏度左右烧烤后，彩料中由于砒霜起乳浊作用，使色釉具有一种不透明之感，即乳浊效果，给人以

"粉"的感觉。

它的线条有浓淡深浅，色调秀丽柔和，使红彩变成粉红色，绿彩变成淡绿色，蓝彩变成淡蓝色，几乎所有的颜色都能被粉化。同时，借助于改变玻璃白的加入量，更可以把同一彩色化成一系列不同深浅浓淡的色调，扩大了釉上彩的色调范围。

至雍正时期，无论造型、胎釉和彩绘都有长足进步，粉彩的画面因已采用玻璃白粉打底的方法，加上烧成的温度、气氛掌握好，粉彩瓷不仅色彩丰富，而且更加娇艳，以淡雅柔丽而名重一时。

延 伸 阅 读

雍正皇帝酷爱珐琅彩瓷器，还亲自参与设计和制作过程，对使用的原料、绘画图案乃至瓷器的样式、尺寸都要过问。他招用的珐琅作画师和工匠，有宫廷画师，也有窑场工匠，还有制作铜胎珐琅的高手。1728年珐琅料在宫中自炼成功，颜色达18种之多。

早期的铜矿冶炼技术

在自然界中铜主要以硫化铜存在，主要是辉铜矿、黄铜矿和斑铜矿，此外还有孔雀石。对于这些铜矿的冶炼，我国先民摸索出了一套技术。

我国早期的铜矿冶炼技术，从单一的硫化铜冶炼逐渐向加锡、铅、砷等的共生硫化矿冶炼过渡，期间在炼炉设计、原矿氧化规律的认识等方面有许多创建。

自从女娲创造了人类，她就一心为人类着想。一天，天空突然塌下了一大块，露出一个黑黑的大窟窿在喷火。人们都身处危机，救命要紧！女娲连忙将人们从火海里拖出来，从洪水中拉出来。

人们得救了，可天上的大窟窿还在喷火，女娲决定冒险补天。她拎着一个布袋，来到中凰山上寻找五彩石。历尽千辛万苦，终于将五彩石找到了。

五彩石找齐了，女娲拿着大铲子，在地上挖了一个大大的圆坑，将布袋里的五彩石倒进圆坑里，用神火进行冶炼。当时已是午夜，女娲的上眼皮和下眼都打架了，她也不肯睡觉，她只想着尽早补好天空，于是，就守着大圆坑，原地打了一个盹儿，又继续冶炼了。

就这样，女娲在中凰山里经过七七四十九天的冶炼，五彩石终于化成了稠稠的液体，最后变成了一块五彩斑斓的石头。

女娲把五彩石带到天边，对准那个大黑窟窿，奋力填补进去。只见金光四射，天空中马上出现了星星、月亮和彩虹。

塌下的天空补好了，从此，大地上到处欢歌笑语，人们过上了快乐幸福的生活。女娲补天虽是神话，但它和金属冶炼确实能产生共鸣。在这里把女娲誉为冶金女神也不为过，因为我国古代冶金技术就是从冶炼石头开始的。

古代冶金技术始于炼铜。铜矿冶炼工艺一般至少要分两步走，首先得通过氧化焙烧，除去其中的一部分硫和铁，在此过程中会生成冰铜；第二步则是冰铜冶炼，在竖炉中以木炭焙烧，而得到金属粗铜。

在古代的技术条件下，用硫化铜所冶炼出的金属铜中，往往会含有明显量的铁和硫，还有由共生矿物引入的砷、铅、锡、锌、银、锑，以及残余的冰铜和氧化焙烧的中间产物等元素。

冶炼硫化矿大约在春秋时期，当时个别地区的冶炼技术已经进步到这个阶段。如对内蒙古自治区昭乌达盟赤峰市林西县大井古矿冶遗址的发掘和研究表明，它属于夏家店上层文化，相当于春秋早期。在该遗址，当年的工匠曾用石质工具较大规模地开采了铜、锡、砷共生硫化矿石，矿石经焙烧后直接还原熔炼出了含锡、砷的金属铜合金。

该遗址在赤峰市林西县官地乡，铜矿区的矿石主要类型为含锡石、毒砂的黄铁矿黄铜矿，少量为黄锡矿。遗址发掘中出土了多座炼炉以及炉渣、炉壁、矿石，对当时的冶炼技术提供了相当丰富的实物资料。在炼区发现有4座多孔窑式炼炉和8座椭圆形炼炉。多孔窑式炼炉是焙烧炉，距采矿坑很近。采集到的炉渣中发现有白冰铜的颗粒，由此可以推测焙烧过程。

首先在山坡较平坦处挖一个直径约为两米的炉坑，坑内先铺一层木炭，其上堆放矿石，再以草拌泥将矿石堆封起来，目的是减少热量损失。在封泥上留有若干圆形排烟孔和鼓风口。

点燃木炭并鼓风入内后，焙烧反应即开始进行。由于焙烧反应是放热反应，因此当矿石热到起火温度后就无需再补充燃料，焙烧反应便可持续下去。

椭圆形炼炉是还原熔炼炉，有拱形炉门，以排放铜液和炼渣。炼炉周围发现有炼渣、木炭，表明木炭是作为燃料和还原剂的。这是我国迄今发现的最早的开采、冶炼硫铜矿的遗址。

在所有的硫化铜矿藏中，孔雀石由于颜色醒目，容易识别，又属于氧化型矿，冶炼简便，只需800度左右它就会被碳还原，所以很早就被利用。但孔雀石这种矿物在地壳中储量较少，因为它是易溶硫酸铜与碳酸盐矿物相互作用的产物，所以一般只存在于含铜硫化物矿床的氧化带中，虽处于地表，容易采掘，但矿层一般较浅，采集难以持久。随着人们对锡石或铅矿石的识别，冶炼铜的技术逐渐向加锡石或方铅矿的方向演进。

在夏代、商代早期及中期，青铜器的化学组成是杂乱无章的，铅、锡的含量也较低，这表明当时很可能是以红铜或孔雀石与锡矿砂或方铅矿合炼青铜。虽然在新石器时期晚期和夏代，黄河流域的许多地区开始推广冶铜工艺，但是那时只能生产锥、环、管、镞等小件铜器，它们显然不能对生产有多大的促进作用。至商代，青铜冶铸技术才有了长足的进步，并开始铸造较大型的青铜器件，首先是铸造代表权力象征的礼器。

在对已出土的青铜文化鼎盛时期的商代青铜器进行化学分析后，可将它们分为两类。一类是铜锡二元合金，其中含铅小于2％；另一类是铜锡铅三元合金，即含铅大于2％。

在铜锡二元合金中，铜和锡的比例大都接近4∶1。而在铜锡铅三元合金中,铜与锡铅含量和之比也维系在4:1。锡与铅之间似乎没有明显的比例关系。

由此可以推测,当时的青铜冶炼已有一定的配方,但是工匠们对铜锡或铜锡铅之比与青铜性能的关系仅有肤浅的经验认识,即认识到青铜比红铜实用,因而自觉地冶炼青铜。

同时,铜锡之比与铜锡铅之比基本相同,表明当时的人们尚不能区分锡与铅,它们都是银白色的金属。至战国末年,人们已经能够清楚地认识到铜和锡的性质在合炼前后所发生的变化。最能反映战国末年人们对青铜之中铜与锡铅之间合理配比的认识的文献,当数《周礼·考工记》的"六齐"规律。所谓"六齐"即配制青铜的6种方剂。

"六齐"规律是位于黄河下游的齐国的冶金工匠们关于冶铸青铜合金时铜锡配比的经验总结。比如在冶炼熔铸过程中,对不同火候的辨认与掌握,《考工记》有详细记载:

凡铸金之状,金与锡黑浊之气竭,黄白次之;黄白之气竭,

青白次之；青白之气竭，青气次之，然后可铸也。

这段记录是说在铜和锡熔化过程中，先产生黑浊的气体，随着温度升高，先后产生黄白、青白和青色气体，到此即可浇铸了。

这一记录是符合科学的，因为在物质加热时，由于蒸发、分解、化合等作用而生成不同颜色的气体。开始加热时，铜料附着的碳氢化合物燃烧而产生黑浊之气。《考工记》中的"六齐"规律，记录了当时青铜冶铸的实践经验，是我国也是世界上最早、最有历史价值的关于合金配比的科学文献。

延伸阅读

春秋战国时期齐国冶金业非常发达。《国语·齐语》中记载着管仲向齐桓公提出的以甲兵赎罪的建议：用青铜铸造兵器，试在狗马身上；用铁铸造生产工具，用来耕种土地。他的这个建议施行后，齐国生产了大批铜和铁，国力日盛，为最终位列春秋霸主奠定了基础。

首创的胆水炼铜法

在我国的冶铜史上，除了火炼法以外，还有一种独创的"胆水炼钢法"，曾经盛行于两宋时期。

这种方法的原理就是利用化学性质较活泼的金属铁从含铜离子的溶液中将铜置换出来，再经烹炼，制得铜锭。所利用的原料是天然的胆水。

宋哲宗元祐时期，有一位商人毛遂自荐，向朝廷献出他认为的秘法胆铜法。当时，苏辙任户部侍郎，听说一个商人能以胆矾点铁为铜，就接见了他。

苏辙对他说："你说你能用秘法炼铜，现在如果试之于官，必然为大家所知道，你不能自己炼铜，就会求他人帮

助。这样一来，人人知之，就不再是什么秘密，这正是朝廷所禁止的。我身为户部侍郎，假如以身乱法，显然是不可以的。"

商人不太情愿地走了，随即又到地方都省去说这件事，结果都省也不认可。

这个故事说明，胆铜法最初还不被北宋朝廷认可。当时胆铜生产还被称为"秘法"，仍属于民间私下进行的小范围生产。至北宋末年，这一方法才被认可和推行，成为生产铜的重要途径之一。

事实上，胆铜法从最初发明到被认可，经历了很长一段时间。

自然界中的硫化铜矿物有一种奇怪的现象：它经大气中氧气的氧化，会慢慢生成硫酸铜，古代称为"胆矾"或"石胆"，因为它色蓝如胆。

石胆经雨水的浇淋、溶解后便汇集到泉水中，这种泉水就是所谓的"胆水"。当泉水中的硫酸铜浓度足够大时，便可吸来，投入铁片，取得金属铜，所以也叫"浸铜法"。

这种方法的采用以我国为最早，在世界化学史上也是一项重大的发明，可谓现代水法冶金的先声。

对于这一化学变化的观察和认识，早在西汉淮南王刘安所主撰的《淮南万毕术》中，就提到了"白青得铁，即化为铜"。"白青"就是孔雀石类矿物，化学组成是碱式碳酸铜。

至东汉时期编纂成书的《神农本草经》也记载："石胆……能化铁为铜。"这一"奇特"现象此后便受到历代金丹家的注意。

东晋时期炼丹家葛洪在其所著《抱朴子·内篇·黄白》中提到："以曾青涂铁，铁赤色如铜……而皆外变而内不化也。""曾青"大概是蓝铜矿石，也有人认为就是石胆。葛洪对这个化学变化的观察便又深入了一步。

南北朝时期陶弘景在其《本草经集注》中又指出："鸡屎矾……投苦酒中涂铁，皆做铜色。"

但当时人们对这个化学反应普遍有一个错觉，误以为是铁接

触到这些含铜物质后会转变为金属铜，因此在金丹家们的心目中，这些物质就成了"点铁成金"的点化药剂了。

唐代金丹家们把这种"点化"的铜美其名曰"红银"，在炼丹术中正式出现了浸铜法。唐明皇时的内丹家刘知古曾上《日月玄枢论》，其中便说道："或以诸青、诸矾、诸绿、诸灰结水银以为红银。"

这种"以诸青结水银以为红银"的方法在唐代后期炼丹家金陵子所撰炼丹术专著《龙虎还丹诀》中有翔实的记载，他曾利用了15种不同的含铜物质炼制"红银"，其中"结石胆砂子法"的操作要领如下：

将水银及少量水放在铁制平底锅中加热，至水微沸，投入胆矾，于是铁锅底便将硫酸铜中的铜置换出来，而在搅拌下生成的铜便与水银生成铜汞齐，而使铁锅底重新裸露出铁表面，得以使置换反应持续进行下去。

当生成的铜足够多时，铜汞齐便会凝固而成砂粒状，被称为"红银砂子"。将"砂子"取出，置于炼丹炉中加热，蒸出水银，就得到红银了。

至五代时，这种浸铜法发展成为一种生产

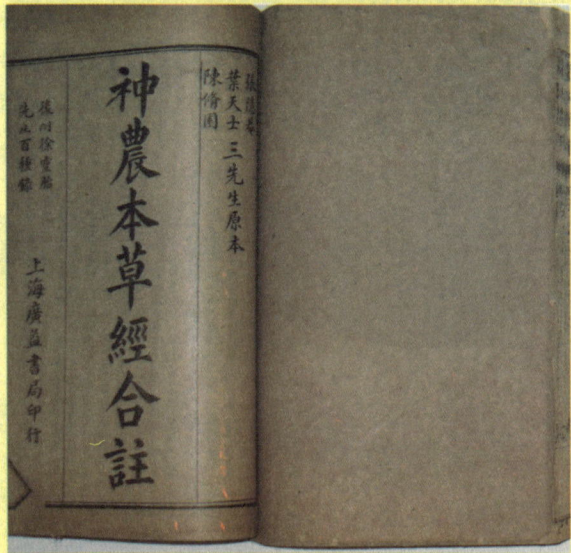

铜的方法，当时有一本书《宝藏畅微论》中说道："铁铜，以苦胆水浸至生赤煤，熬炼而成黑坚。"

至北宋初年，首先是在民间出现了规模相当宏大的胆水冶铜工厂。胆铜法不再作为朝廷所禁的秘法而得到推广始于张潜。当时在江西饶州府有一位生产胆铜的技术能手，名叫张潜，总结了这种经验，写成《浸铜要略》一书。

这部书对宋代胆铜业的兴起、发展曾产生了巨大的促进作用，可惜它已佚失。后来张潜的后人张理于元代献此书于朝廷，并被授理为场官。

北宋时期的著名科学家沈括在其所著的《梦溪笔谈》中记载：

信州铅山县有苦泉，流以为涧。挹其水熬之，则成胆矾，烹胆矾则成铜。熬胆矾铁釜，久之亦化为铜。

所以至迟在元祐年间那里已经试行浸铜法生产，大概已有了小型的作坊了。

随着民间胆水冶铜工场的增多，浸铜法在宋徽宗崇宁年间达至高峰。

据《宋会要辑稿·食货三四之二五》记载，宋徽宗时负责江

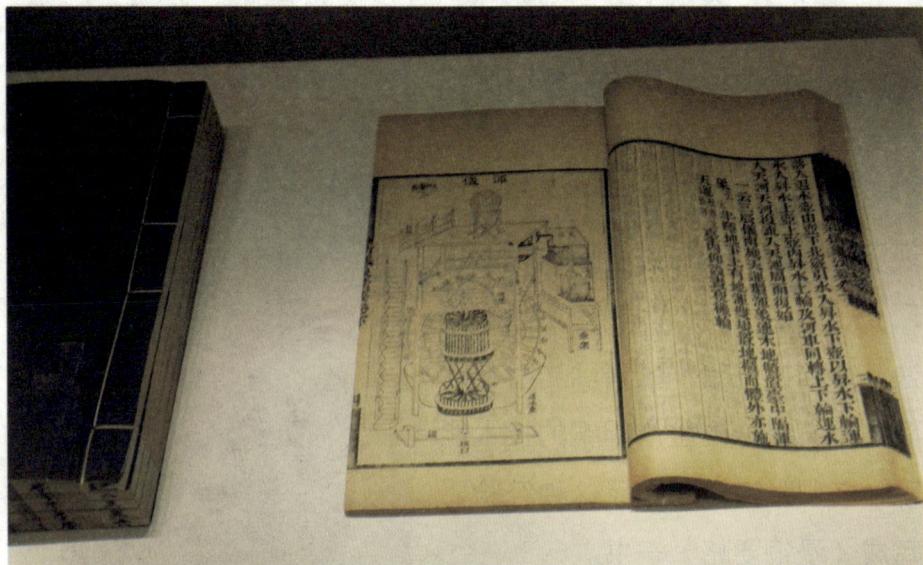

南炼钢业的官员游经曾统计当时胆水浸铜的地区，主要有11处。而规模较大，生产持久的是信州铅山、饶州德兴和韶州岑水3处。

关于宋代的浸铜工艺，历代也有一些记载，表明各铜场因地制宜，各有创新，并不断在改进。如明代谈迁所撰《枣林杂俎》、清代初期顾祖禹独撰的一部巨型历史地理著作《读史方舆纪要》等都有这方面的记录。

据南宋人张端义的《贵耳集》记载，乾道年间韶州岑水场每年用百万斤铁，浸得20万斤铜，即每斤铜需耗铁5斤，与饶州、信州相比，要超出一倍了。不过这时岑水场已是采用另一种方法"淋铜法"了。

除了浸铜法以外，1102年还提出了煎铜法。由于浸铜法需依赖胆泉，在天旱之年无法生产，所以才发展出煎铜法，即所谓"水有限，土无穷"。

胆土当是开采铜矿时的碎矿渣及硫铜贫矿经风化氧化后而变

成的硫酸铜与土质的混合物，为取得胆土，需先开采硫铜贫矿，堆积起来，使之风化氧化，然后再置于盆中，用水浸出胆水，再浸渍铁片。

当然，在经开采过的老铜矿区，想必也常可直接掘到这类胆土。

据《宋会要辑稿·食货》记载，"韶州岑水场措置创兴是法"，后来那里"增置淋铜盆槽40所，得铜20000斤"。据此可估算出每所盆槽平均年产铜500斤左右。

胆铜在南宋时期主要用来铸币。从南宋钱币的检测来看，其中含铁量高达1％以上，较北宋时期铜钱中含铁高出一二十倍，说明胆铜质量是不高的。

至南宋后期，胆水浸铜便完全没落了。在元代时，据《元

史·顺帝本纪》记载，1352年曾恢复饶州德兴3处的胆铜生产，但此后的胆铜生产始终规模不大。

总而言之，宋代兴起的胆铜生产，部分地弥补了矿铜生产衰落对铸钱生产和财政收支活动的冲击，使我国古代采矿业在传统的生产方法之外又开辟出一条新的途径。

古代劳动人民总结出来的胆铜生产原理，是我国对世界冶金技术的一项伟大贡献，在冶金史上、化学发展史上都占有重要的地位。

延 伸 阅 读

胆水浸铜与胆土淋铜两种方法的原理是相同的，都是用胆矾水浸泡铁片置换出胆铜，只是胆水浸铜是指直接将天然胆水引入人工建造的沟槽中，浸泡铁片；而胆土淋铜则要先采挖含有胆矾的土壤，用水灌浸，使胆矾溶入水中，产生胆水，再用人工盛舀胆水淋浸铁片置换出胆铜。

炼铁炼钢中的化学工艺

　　我国古代工匠们在冶炼过程中不断有独特的创造，通过退火、正火、淬火、化学热处理等工艺，炼出了炒钢、百炼钢、灌钢等品种。

　　我国古代炼铁、炼钢技术虽然起步相对稍晚，但是它的发展却是后来居上。

　　其实先民在此之前的商代中期，就已经对铁有所认识，而且已能够进行锻打加工并与青铜铸接成器。

　　商代高度发达的青铜冶铸技术，使它从矿石、燃料、筑炉、熔炼、鼓风和范铸技术等各个方面，为人工炼铁技术的出现创造了条件。

　　例如商代熔铸司母戊方鼎这样的大型铸件，必须要有较大的熔炉、鼓风器和较高的炉温。而最迟

至殷商晚期，已能得到1200度以上的高温，这就从技术上具备了将铁矿石还原为液态铁或半液态铁的可能性。

可见，我国炼铁技术的发明是在商代。

至春秋战国时期，人工冶炼的铁有块炼铁和生铁两种。一般认为，最初的炼铁技术，大多采用块炼铁。

块炼铁方法是将铁矿石和木炭一层夹一层地放在炼炉中，点火焙烧，在650度至1000度温度下，利用炭的不完全燃烧产生一氧化碳，遂使铁矿中的氧化铁还原成铁。

至春秋中后期，我国的炼铁技术已经达到较高的水平。在熟练地掌握了块炼法炼铁后，我国又是世界上最早发明生铁冶铸技术的国家。

据《左传·昭公二十九年》记载，公元前513年，晋国铸造了一个铁质刑鼎，把范宣子所制订的《刑书》铸在上面。铸刑鼎的铁是作为军赋向民间征收来的，这说明最迟春秋末期出现了民间炼铁作坊，而且已较好地掌握了生铁的冶铸技术。

在生铁冶炼过程中，炉温较高，被还原生成的固态铁会吸收碳、硫和磷，这种吸收随着温度的升高，速度就会加快；另一方面，铁吸收碳后，熔点随之降低，当含碳量达到2.0％时，熔点降至1380度，当含碳量达到4.3％时，熔点最低，仅需要1146度。

所以，当炉温至1200度时，就完全能使铁充分熔化，从而得到了液态的生铁，并可以很方便地直接用于浇铸成器。

生铁冶炼技术的出现，改变了块炼铁的冶炼与加工都较费工费时的状况，炼炉可连续使用，提高了生产率，降低了成本，使得大量提炼铁矿石和铸造出器形比较复杂的铁器成为可能。这就为我国古代炼铁技术的发展开拓了自己独特的道路。

我国古代炼钢技术，大致兴起于春秋晚期。

1976年在湖南省长沙出土了一把春秋末期的钢剑，通长38.4厘米。用放大镜观察剑身断面，可以看出反复锻打的层次，中部可以看出7至9层的迭打层。

离剑锋约8厘米处取样分析，金相组织为含有球状碳化铁的铁素体组织，组织较均匀，铁素体晶粒平均直径为0.003毫米。由碳化物的数量估计，原件系含碳量为0.5％左右的退火中碳钢。

春秋战国时期的炼钢技术有两种：一种是把块炼铁直接放在炽热的木炭中长期加热，表面渗碳，再经反复锻打，使之成为渗碳钢。

另一种是把块炼铁配合渗碳剂和催化剂，密封加热，使之渗碳成钢，俗称"焖钢"。这是我国流传很久的一种炼钢方法。

此外，长期流传在河南、湖北、江苏等地的"焖钢"冶炼法，把熟铁块放在陶制或铁制容器中，除了按一定配方加入渗碳剂以外，还使用含有磷质的骨粉作为主要催化剂，然后密封加热，使之渗碳成为钢材。

从已经出土的古代钢制品的金相考察结果来看，我国最迟在

战国晚期已广泛使用
淬火工艺。

河北省易县燕下
都墓出土的战国锻钢
件大都经过淬火处
理，如长钢剑、钢戟
和矛，就是把薄钢片
经过反复折叠锻打成
型之后，再经过淬火的。

说明当时除淬火工艺之外，还掌握了正火工艺，已能依据不同的需求，对钢材进行不同的热处理，以改善其机械性能。

块炼铁质地差，产量低，而且需毁炉取铁，作为钢制工具和兵器的铁料来源，显然难以适应日益增长的要求。于是，以生铁为原料的固体脱碳制钢技术便应运而生。

在铸铁脱碳热处理的长期实践中，我国古代冶铁匠逐渐懂得了生铁经过适当的处理可以变性甚至变得和块炼铁一样柔软，由此导致最迟西汉后期，我国又发明了用生铁炒炼成钢或熟铁的新技术。

生铁炒炼成钢就是用生铁加热到熔化或基本熔化的状态下加以炒炼，使之脱碳而成钢或熟铁。这种技术，不妨称为"炒钢技术"或"炒铁技术"。用生铁炒炼而得的钢材即称为"炒钢"。

考古工作者在河南省巩县铁生沟汉代冶铁遗址发现有西汉后期炒钢炉一座。其上部已毁损，炉体很小，建造也很简单，从地面向下挖成"缶底"状坑作为炉膛，然后在炉膛内边涂一层耐火泥。

其工艺程序是先将生铁捶成碎片，和木炭一起放入经预热的炉膛内。风从上方鼓入，由于缶形的地下炉膛容积小，热量集中，不易散失，有利于提高温度。

当生铁加热到熔融或半熔融状态时，通过搅拌，增加铁和氧气的接触面，可使铁中的碳氧化，温度随之升高。硅、锰等氧化后与氧化铁生成硅酸盐夹杂。随着含碳量降低，铁的熔点增高，因而逐渐固化。

如果半固态下继续搅拌，借助空气中的氧把所含的碳再氧化掉，就可以成为低碳熟铁。也可以在它不完全脱碳时，控制所需要的含碳量，终止炒炼过程，就可以成为中碳钢或高碳钢。

这种钢由于含碳量较高，氧化程度较低，与低碳熟铁相比，所含的夹杂物应该较少，经过反复锻打，便可以得到组织比较均匀的炒钢。

炒钢的发明不仅是炼钢史上一次技术革命，对于我国早期铁器时代向完全铁器时代的转变也具有关键的意义，对当时我国的

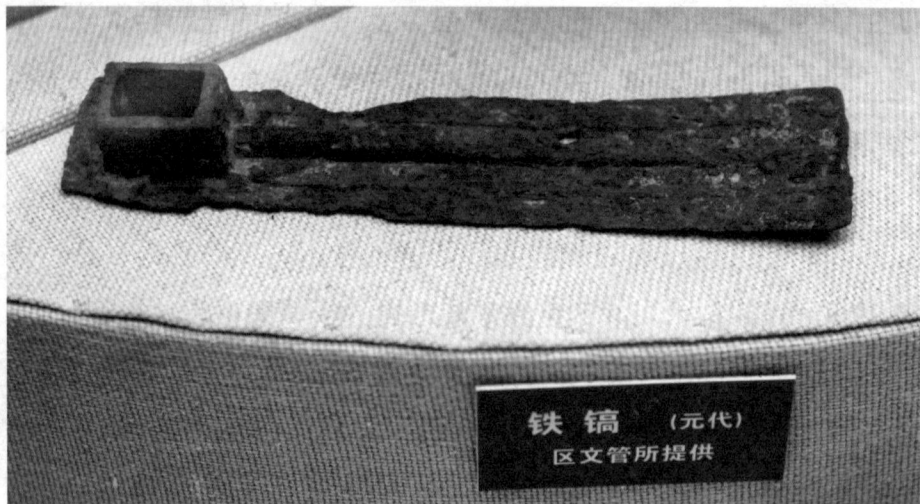

铁 镐 （元代）
区文管所提供

农业和手工业的进一步发展同样具有重要意义。

百炼钢工艺是在春秋晚期块炼渗碳钢工艺的基础上直接发展起来的。在用块炼铁渗碳制钢的实践中,人们发现反复加热锻打的次数增多以后,钢件变得更坚韧了,于是很自然地把这种反复加热锻打的操作定为正式工序。

这道工艺可以使钢的组织致密、成分均匀化、夹杂物减少和细化,从而显著提高钢的质量。

西汉后期,由于炒钢的发明,百炼钢工艺改以熟铁或炒钢为原料,并且增加加热锻打次数使得百炼钢技术发展至成熟阶段。

用炒钢或熟铁制成的百炼钢,其质量是相当高的。这种百炼钢技术在我国历史上也曾长期使用,锻造技术也不断提高。

用生铁炒炼成钢,所用火候和保留的含碳量是比较难掌握的,如果炒炼"过火",含碳量过低,就不能炼成具有一定含碳量的钢而成熟铁。因此遇到炒炼"过火"时,重新加入一些生铁来补救是自然的。

这样，在炒钢的实践过程中，我国古代冶炼工匠就逐渐掌握"杂炼生柔"的炼钢规律，从而创造了一种新的独特的工艺灌钢法。

这种炼钢法是先把生铁和熟铁按一定比例配合，共同加热至生铁熔化而灌入熟铁中去，熟铁由于生铁浸入而增碳。

只要配好生铁和熟铁的比例，就能比较准确地控制钢中含碳量，再经过反复锻打，使组织均匀和挤出夹杂物，就可以得到质地均匀的钢材。

这种方法可能起源于汉代，至迟在南北朝时期已经盛行了。由于这种方法比较容易掌握，工效提高较大，因此南北朝时期成为主要的炼钢方法之一。

延 伸 阅 读

1979年在河南省洛阳吉利区一座汉墓中，出土坩埚11个，内外壁均烧流，属于铸态钢。这种坩埚是由木炭或煤炭与黏土组成的，含碳量较高，有利于提高材料耐火度和化学稳定性。古代世界大部分地区的制钢工艺均属固态、半液态冶炼，而我国东汉时期就能冶炼铸钢，这是古代世界罕见的工艺。

黄白术中的化学成就

　　黄白术，即炼金术、外丹术，以人工制造声称服后不死成仙的丹药为主。企图通过药物的点化，变贱金属为"药金"或"药银"。千百年来，我国古代金丹家虽然没有实现变贱金属为贵金属的设想，但经长期的实践，却对古代冶金学、合金学作出了贡献，被称为"现代化学的先驱"。

　　武功盖世的神射手后羿有一次率众徒外出狩猎，把爱妻嫦娥独自留在家中。后羿的徒弟逢蒙早就觊觎后羿的长生不老药，于是就在后羿出猎时心怀鬼胎地假装生病，留了下来。

　　后羿率众人走后不久，逢蒙手持宝剑闯入内宅后院，威逼嫦娥交出长生不老药。嫦娥被逢蒙逼

得没有办法，只好在紧要关头取出长生不老药一口吞了进去。

没想到刚刚吞下丹药，身体就飘然而起，飞落到离人间最近的月亮上成了仙。

后羿得知嫦娥吞药飞月后无比心痛，于是对着皎洁的月光，摆上香案，放上嫦娥平时最爱吃的蜜食鲜果，遥祭在月宫里眷恋着自己的嫦娥。据说中秋节拜月的风俗就是由此而来的。

嫦娥吞服的所谓长生不老药，是古代金丹家经过无数实验炼成的"仙药"。据说人食后就可以"长生不老"。其实这是没有科学根据的，不过古代金丹家为求长生而进行的实验，在化学领域有许多创建倒是真的。

事实上，古代无数的金丹家在毒气熏蒸的丹炉旁耗尽了生命，他们进行了大量的实验，积累了大量的科学素材，客观上对化学、冶金学、矿物学、医药学及生理学都作出了重大的贡献。

在古代的技术条件下，金丹家们企图转变铜、铅、锡、汞为黄金、白银的尝试，当然不可避免地要遭到失败，但他们到底制取到了一系列黄色和银白色的金属，他们称之为"药金"、"药银"，从而对古代合金化学作出了贡献。

我国古代的铜砷合金是方士在试炼人造金银的过程中发明的，时间大致在西汉初年。

西汉淮南王刘安主撰的《淮南子》中就有"淮南王饵丹阳之伪金"之说。丹阳郡是当时产"善铜"的著名地区，所谓"丹阳之伪金"当是以丹阳所产之精铜经点化而成的黄色药金。

东汉时期方士狐刚子在其所撰《五金粉图诀》中着重讨论的"三黄相入之道"，就是指用雄雌黄和砒黄使五金转化为药金、药银的方术。他指出：雄黄功能变铁，雌黄功能变锡，砒黄功能变铜，硫黄功能变银化汞……如谷作米，是天地中自然之道。

南朝齐梁时期的医药炼丹大师陶弘景在他汇编的《名医别录》中已说及"雄黄得铜可作金"，他又补充说："以铜为金亦出黄白术中。"

以雄黄点铜所成之金，当为含砷量少的铜砷合金，故呈黄色。后来由于点化技术提高或点化药的改进，才进一步出现了点化砷白铜的技艺。

隋代方士苏元明所撰《宝藏论》中就制取砷黄铜和砷白铜做了经验总结。其大略的意思是用草灰与雄黄、雌黄、砒霜一起加热，这时便可生成不易挥发的砷酸钾，便可熔化了。它若与铜末、木炭一起加热熔化，便可生成

黄色的或白色的铜砷合金，很像黄金和白银。在《宝藏论》中还记载：当时假金有15种，其中有雄黄金、雌黄金等17种，假银有雄黄银、雌黄银、砒霜银等。

苏元明是隋代的炼丹家，也曾经学道于茅山，自己宣称得司命大茅君真秘。可见，以含砷矿物点铜为金、银的方术从西汉时期的三茅君到隋代的青霞子是一脉相承的。大约从南北朝时期以后，金丹家已经意识到利用砒霜较"三黄"更易点化出白铜，这是砷白铜炼制史上的一项宝贵经验和重大进步。用砒霜点化白铜的技术在唐肃宗乾元年间金陵子著述的《龙虎还丹诀》中有极为翔实的记载，从中可以看出，这种技艺那时已达到相当成熟的阶段，在点化过程中，以前那些不必要的药物已经被淘汰了。

该丹经卷上中有"点丹阳方"，所谓"丹阳"就是"丹阳银"，即当时炼丹术中对砷白铜的称呼。其制法是先将砒黄、雌黄等加工制成升华的束丝状砒霜，金陵子称之为"卧炉霜"，再用它点化丹阳铜。并对应予注意、警惕的要点作了交代。至元明时期，这种以药点化的"白银"便逐渐为常人所知，在博物类、本草类的著述中便经常有所提及，并称之为"白铜"。

我国的一些古书中记载有鍮石、鍮铜，明清时期文献中记载的黄铜，炼丹术著述中常提到的波斯鍮，它们无疑都是铜锌合金，色泽金黄，酷似上等黄金。

无论炼制鍮铜的技艺是我国先民独立发明的，还是由波斯国或印度传入的，其在我国的发展，应首先归功于炼丹师的劳动，而且很可能是他们最先掌握了其点化技艺。

我国黄白术中不仅有"鍮石金"，还有所谓"鍮石银"者，

《宝藏论》中已有记载。当然，若以鍮铜代替赤铜，经点化而成的银白色金属，可以有多种配方。水银与很多金属都很容易生成固体合金，当这些汞齐中水银比例加大时，便逐渐转变为银白色，而呈现出银子的外貌。在这类药银中，首先应提到锡汞齐，其制作工序很简便。但白锡银中最有实用价值的则是在唐代发展起来的"银膏"。在《唐本草馀》中有所记载："银膏，其法用白锡和银箔及水银合成之，凝硬如银，合炼有法。"这种银膏在唐代时就用于补牙，并一直沿用至近世。但此白锡银似不属于黄白术，因为它的炼制仍需取用真白银。

汞齐银中以铅汞为基础的药银也相当普遍，可称为"黑铅银"。此类丹方最早见于东晋时期成书的《神仙养生秘术》中，这种药银在历代都很流行。古代黄白术里还有所谓"朱砂银"者，其金属成分其实也是铅汞合金。明代人宋应星《天工开物》则有较明晰的记载。

在汞齐药银中还有一类合金，是金丹家们把含铜的石胆、曾青、白青等放在铁釜中，加水及水银共煮而得到的。所以这种药银可能就是《宝藏论》中所列举的胆矾银、土绿银了。

古代的药金并非都是一些合金物质，也有一些是某

种金黄色化合物的结晶粉末，特别是那些作为长生药的药金，丹师们往往只看重量、追求其金黄的颜色，而不强调其坚硬性和金属光泽。

丹师们认为，"药金"乃诸药及黄金之精华，非黄金本身可比，所以晶亮的金黄色粉末反而要更加接近他们的想象，而且也更容易制成黄赤如水的金液，以便于冲服。除了上几个方面的成就外，古代金丹家还发明了火药，在本草、冶金、陶瓷、玻璃、酿造等许多领域都曾作出过一定的贡献。

延 伸 阅 读

魏伯阳有3个弟子。据说有一次大丹炼成，他想考验弟子们，就拿出一粒丹药喂了白狗，白狗吃完就死了。他自己吞服一粒，也倒地而死。其中一位弟子吞服后也倒地身亡。另两位弟子一看失望地下山了。这时魏伯阳拿出真的丹药给弟子和白狗服下，于是一同成仙了。

冶金性质的火法炼丹

　　火法炼丹是我国古代炼丹的方法之一，是指带有冶金性质的无水加热法。大致包括高温加热、干燥物质的加热、局部烘烤、熔化、蒸馏、加热使药物变性等方法。利用火法，金丹家观察到了水银的各种形态和性质，以及水银与多种金属的合金。传说葛洪在罗浮山和南海丹灶先后炼丹，有两次到广东佛山的葛岸村为老百姓治病。据说葛洪在葛岸建了炼丹灶，挖了炼丹井，但村子里有人对他炼丹的动机有些闲言。

　　葛洪是道家，讲究的是和谐，听到这些声音，为了不引起误会，在一个月黑风高的夜晚，他决定离开。

葛洪走后，村民发现，他从葛岸到罗浮山只留下了3个脚印：一个在葛岸村北堤围；一个在西樵山下；另一个就在罗浮山上。

村民都感到很吃惊，因此把葛洪当成了神仙。

葛洪是东晋时期道教学者、著名炼丹家和医药学家。对于火法炼丹，他在《抱朴子·内篇》中记载了火法的大致内容，即：长时间高温加热、干燥物质的加热、局部烘烤、熔化、蒸馏、升华、加热使药物变性等。

炼丹术最早的研究材料是丹砂，就是红色硫化汞，这种研究用的就是火法。丹砂一经加热就会分解出水银，水银和硫黄化合生成黑色硫化汞，再加热使它升华，就会恢复红色硫化汞的原状。所生成的水银，是金属物质却呈液体状态，圆转流动，容易挥发，显得和寻常物质不同。所有这些现象都使古人感到惊奇，因此金丹家一直想利用这些物质制成具有神奇效用的"还丹"，又称"神丹"。《抱朴子·金丹篇》记载："神丹既成，不但长生，又可以做黄金。"就是说，这种"神丹"是兼有使人"长生"和"点铁成金"作用的方应灵丹。

古代金丹家为了炼丹，把汞的实验反复做了又做，所以他们对这种变化很熟悉。东汉时期魏伯阳的《周易参同契》很生动地描写了水银容易挥发、容易和硫黄化合的特性，并且讲到在丹鼎中升华后"赫然还为丹"的过程。晋代葛洪的《抱朴子·金丹篇》把这些话总结为一句话："丹砂烧之成水银，积变又还成丹砂。"这些说法当然都是他们从长期实验中得出的结论。至唐代，道教学者陈少微《九还金丹妙诀》所记载的"销汞法"，即用汞和硫黄制丹砂法，已经相当精确细致了。

汞和硫的分量有一定的比，加热有一定的火候，操作有一定的程序，最后达到"化为紫砂，分毫无欠"的结果。这样的方法，和近代化学相比可说已经相差无多了。

红色硫化汞有天然和人造的两种，天然产的就叫"丹砂"，人造的叫"银朱"或"灵砂"。人造红色硫化汞是人类最早用化学合成法制成的产品之一，这是炼丹术在化学上的一大成就。由于金丹家从很早的时代起便研究水银的变化，他们对水银的其

他化合物也是有研究的。例如，唐人炼丹著作《太清石壁记》有"造水银霜法"：先把水银和锡以不同温度分别加热，使成锡汞齐，然后捣碎加盐，和以氯化镁、粗石膏或含铁粗石膏，用硫酸钠覆在上面，加热7昼夜。

汞和氯化钠、硫酸钠共热是能生成氯化汞的，氯化汞和多余的汞再起作用，就会生成氯化亚汞。关于汞和其他金属形成汞齐的作用，古人在炼丹实践中早就注意到了。他们制成的汞合金，除锡汞齐以外，还有金、银、铅等金属的汞齐。

由上可见，古代金丹家研究汞的反应的研究，是为了寻求一种能"点"水银成黄金的"神丹"。在当时的条件下，他们这种想法是不能实现的，但是他们的实践却扩大了人类对自然现象的认识。金属铅和它的化合物在我国出现很早，我国劳动人民大约在汉代以前就已经在制造化妆用的胡粉，就是碱式碳酸铅。

《周易参同契》记载："胡粉投火中，色坏还为铅。"这种变化引起了金丹家的注意，把它当做重要研究对象之一。他们除用铅制造铅汞齐外，还用它制备黄丹，就是四氧化三铅了。

比较晚的金丹家对铅的化合物还有许多研究，例如，唐代炼丹家清虚子的《铅汞甲庚至宝集成》中有"造丹法"，用铅、硫、硝3种物质经过溶化和"点醋"等手续，可以制得一种叫做"黄丹胡粉"的粉末。金丹家认为服用金银矿物等"不败朽"的东西，可以使人的血肉之躯也同样"不败朽"，因此他们不仅要设法服用这些东西，还要用人工方法炼制药用的金、银。

从汉代的汉武帝刘彻、淮南王刘安开始，许多帝王将相豪门贵族都曾经招致金丹家替他们炼金。这一目的是不可能实现的，但在那时劳动人民在生产经验的基础上，在冶金方面的确有不少发明创造。葛洪在《抱朴子·黄白篇》中记载，当时许多炼丹书讲的都是炼"金"、"银"的方法，就是所谓"黄白术"。他还提到锡、铅、汞等可以用药物化为金、银，说明晋代金丹家已经能利用各种贱金属制成各种黄色或白色的合金。

南北朝时期陶弘景在《名医别录》中记载，雄黄"得铜可做金"，说明那时金丹家已知利用含砷矿物炼制铜砷合金。这种炼金活动在我国古代曾经盛极一时，直至宋代还没有结束，宋真宗赵恒就曾命方士王捷替他用铁炼制"鸦觜金"，铸成"金"龟、"金"牌赐给近臣。金丹家对于硫黄、砒霜等具有"猛毒"的金石药，在使用之前要先用烧的方法"伏"即驯服一下，使它们失去或减少原有的毒性。这种工艺叫做"伏火"。"伏火"法起源很早，方法有时只用火煅烧，有时另加其他易燃的药物。

唐代初期孙思邈有"伏硫黄法"：硫黄、硝石各2两，研成粉末放

石锅中，用皂角3个引火，使硫和硝起火燃烧，火熄后再用生熟木炭3斤来拌炒，到炭消1／3为止。

伏火的方子都含有碳素，而且伏硫黄要加硝石，伏硝石要加硫黄，可见金丹家是有意使药物容易起火燃烧，以去掉它们的"猛毒"的。由于经常因给药物"伏火"而引起丹房失火的事故，却使唐代金丹家取得一项重要经验，就是硫、硝、炭3种物质可以构成一种"火药"。大约在晚唐时候，这一配方已由金丹家转入军事家之手，这就是我国古代四大发明之一的黑色火药。

火法炼丹的另一重大成就，是单质砷的制备。葛洪《抱朴子·仙药篇》记载了6种处理雄黄的方法，最后一法是用硝石、玄胴肠（即猪大肠）和松脂"三物炼之"。雄黄和硝石同炼，可收集到三氧化二砷，再先后用含碳的猪大肠和松脂炼两次，就被还原成为纯净的单质砷。这是世界上最早的制备单质砷的方法。

延 伸 阅 读

孙思邈是唐代炼丹专家。他记录的把硫黄、硝石、皂角放在一起烧的硫黄伏火法，是现存最早的火药配方记录。孙思邈更是个医药学家。为了向群众普及医学知识，他写成了《备急千金要方》和《千金翼方》各30卷，成为中医学史上极有实用价值的医学实用手册。

化学实验的水法炼丹

火法炼丹是我国古代炼丹的方法之一。大致包括溶解和溶化、水中加热、水中长时间高温加热、低温加热、静置于潮气或碳酸气中、以少量药剂使大量物质发生变化等手段。

通过运用水法的实践，古代金丹家发现了某些化学反应过程，能在水银和一些药物中熔解黄金，从硫酸铜矿石中制取纯铜等。这些都为现代实验化学提供了宝贵的经验。

唐代中期有个名叫清虚子的炼丹师，在"伏火矾法"中提出了一个伏火的方子："硫二两，硝二两，马兜铃三钱半。研为末，拌

匀。掘坑，入药于罐内与地平。将熟火一块，弹子大，下放里内，烟渐起。"

清虚子用马兜铃代替了唐代初期孙思邈"伏硫黄法"方子中的皂角。这两种物质都能代替碳起燃烧作用。

古代金丹家对于金石药，一方面要把它们炼成固体的丹，另一方面又要把它们溶解成为液体。因此他们在溶解金石药的长期实践中，对水溶液中复杂的化学反应取得了相当丰富的经验性知识。在早期水法炼丹的重要文献《三十六水法》中存有古代金丹家溶解34种矿物和两种非矿物的54个方子。

《抱朴子·金丹篇》也记载有许多同类的丹方。这些古方再加上唐宋时期的记载，使我们今天还可以略知古代水法炼丹的大概。

水法炼丹处理药物的方法，大约有这样几种：化、淋、封、煮、熬、养、酿、点、浇、渍，以及过滤、再结晶等。

化即溶解，有时也指熔化；淋是用水溶解出固体物的一部分；封即封闭反应物质，长期静置或埋于地下；煮即在大量水中加热；熬指的是有水的长时间高温加热；养是长时间低温加热；酿是长时间静置在潮湿或含有碳酸气的空气中；点是用少量药剂使大量物质发生变化；浇即倾出溶液，让它冷却；渍是用冷水从容器外部降温；过滤是利用介质滤除水中杂质的方法；再结晶是产生无应变的新晶粒。

用水法制备药物，首先要准备华池，就是盛有浓醋的溶解槽，醋中投入硝石和其他药物。

硝石，古书中原作"消石"，因为它能"消七十二种石"，在我国炼丹术中非常重要。它在酸性溶液中提供硝酸根离子，起类似稀硝酸的作用，所以许多金属和矿物都可以被它溶解。

金丹家有意识地在醋酸中加入硝石，是把酸碱反应和氧化还原反应统一起来加以运用。这在化学史上是一种创造，就是在今

天也不失为一种有用的方法。

金丹家在华池中溶解金石药，有些反应相当复杂，在近代化学出现之前能使用那样复杂的化学方法，是值得赞叹的。

对于黄金的溶解，《抱朴子·金丹篇》有"金液方"，用来溶解金的药物除醋、硝石、戎盐等以外，还有一种"玄明龙膏"。据唐人梅彪《石药尔雅》的记载，这一名称可以代表水银，也可以代表醋和覆盆子。按照《金丹篇》的说法，只要把黄金连同药物封在华池中静置一百日，就会慢慢溶解而"成水"。

现代实验化学告诉我们，金的化学性质很不活泼，用一般化学方法是不能使它溶解的。从金液方所用药物来看，生成王水、各种浓酸和氯水是不可能的。

但是如果用的是水银，它是能溶解金的；如果用的是覆盆子，由于未成熟的覆盆子果实中含有氢氰酸，华池的醋浸液中含有氰离子和由其他药物提供的钠、钾离子，只要有空气存在，金也是可以慢慢溶解的。黄金这样难溶，而金液方中恰巧有能溶解金的水银和覆盆子存在，显然是金丹家经过大量实验以后所得到的结果。因此，尽管方中药物复杂，有些反应还值得研究，可是它能溶解金这一点是可信的。在那么早的年代出现溶解金的方法，在化学史上也是一项重大成就。

对于硫黄的溶解，《三十六水法》中记载有"硫黄水"，使用的药物包括硫黄、白垩、醋和氨水等。用这些东西制成的溶液，含有多硫化钙，这种物质能使金属改变颜色，和金属盐生成有色沉淀，甚至能侵蚀贵金属。金丹家制造这样的溶剂，也是把它当做一种万能的"神丹"。

水法炼丹并不是千篇一律都使用醋和硝石，方法是多种多样的。《黄帝九鼎神丹经诀》有制取硫酸钾的方法：用热水溶化芒硝和硝石，取澄清的混合溶液加热蒸发，使它浓缩，然后在小盆中用冷水从外部降温，经过一宿的时间，溶液中生成的硫酸钾就慢慢结晶出来。这是利用溶解度不同制取药物的方法，也是化学

史上的一项创造。

水法炼丹的另一发现，是水溶液中的金属置换作用。金丹家早有金属互相"转化"的理论，他们为了制作"药金"，梦想找到使某种贱金属转化为黄金、白银的方法，从很早的时代就注意到溶液中金属互相取代的现象，以为那就是金属的"转化"。

西汉时期的《淮南万毕术》已经有"曾青得铁则化为铜"的记载，曾青是硫酸铜。晋代葛洪进一步观察到，"以曾青涂铁，铁赤色如铜……外变而内不化也。"

南北朝时期的陶弘景把实验扩大到硫酸铜以外，发现碱式碳酸铜或碱式硫酸铜的性质和曾青相似，可以用来制造"熟铜"。

这说明金丹家先后做了很多实验，对金属置换现象作了最早和相当细致的描述。但由于受到时代条件的限制，他们还不能作出正确的解释。这一发现的重大意义在于，它在后来得到了充分发展，成为湿法冶金胆铜法的起源。

延 伸 阅 读

陶弘景在治学过程中养成了遇到疑难就去调查研究的习惯。一天，他读到《诗经》里有关"蜾蠃"的句子，便想法找到一窝蜾蠃。经过观察，他发现，那螟蛉幼虫并不是用来变蜾蠃的，而是作为"粮食"的。这样蜾蠃衔螟蛉幼虫做子之谜就被他解开了。

火药与炼丹制药实践

　　火药的发明来自于我国古代金丹家们长期的炼丹制药实践。火药的发明和其他发明创造一样，也经历了一个长时间的实践和认识过程，随着生产的发展、社会的进步而逐步完善。

　　我国古代的火药主要由硝石、硫黄、木炭等化学物质混合加工而成。民间长期流传的"一硝二磺三木炭"就是它的简易配方。因为它呈黑褐色，人们又习惯称它为"黑火药"。

　　火药是硝酸钾、硫黄、木炭3种粉末的混合物。这种混合物之所以极容易燃烧，是因为硝酸钾是氧化剂，加热的时候释放出氧气。

　　硫和炭容易被氧化，是常见的还原剂。把它们混合燃烧，氧化还原反应迅猛进行，反应中放出高热和产生大量气体。

　　假若混合物是包裹

在纸、布、皮中或充塞在陶罐、石孔里的，燃烧的时候由于体积突然膨胀，增加至几千倍，就会发生爆炸。

这就是黑火药燃烧爆炸的原理。其实火药的问世，经历了一个漫长的过程。早在春秋晚期，有一个叫计然的人就说过："石流黄出汉中"，"消石出陇道"。

石流黄就是硫黄；消石就是硝石，古时还称"焰硝"、"火硝"、"苦硝"、"地霜"等。可见早在春秋战国时期，木炭、硫黄、硝石就已经为人们所熟知。在我国第一部药材典籍汉代的《神农本草经》里，硝石、硫黄都被列为重要的药材。即使在火药发明之后，火药本身仍被引入药类。明代著名医药学家李时珍所著的《本草纲目》中，说"火药"能治疮癣、杀虫、辟湿气和瘟疫。火药的名称就是这样获得的。在长期的金丹制药活动中，一些金丹家吸取了劳动人民在生产、生活中积累的丰富经验，孜孜不倦地从事采药、制药活动，获得了许多物质和物质间化学变化的经验知识。其中对硝石、硫黄等物质的认识和实验探索就成为火药发明的前提。

硝石既有天然的，又能从土硝中提炼，我国很早就已利用硝石了。东汉时期名医张仲景在他所著的《金匮要略》中记有"大黄消石汤"方，治黄疸病。在《神农本草经》中，硝石被列为上品药。

人们还认识到硝石的性质极活泼，它能与许多物质发生作用，丹炉家用制五金八石，银工家用化金银。因此，硝石成为金丹家常使用的物质，人们对它的认识也随实验而加深。

在生产、生活中，硫黄也是人们常接触的化学物质之一。地下温泉水中四溢出的硫黄气刺激着人们的感官，认识到它对皮肤病有特别的疗效。冶炼中常分解和析出二氧化硫气体，气味刺鼻，后来又发现可以采集它。长期接触和使用硫黄的实践，使人们认为，具有金黄色的硫黄不仅具有一定的治疗作用，特别是它能与水银相化合的本事，备受金丹家的重视。

我国最早一本金丹著作《周易参同契》描述了硫黄与水银的化学反应，由此硫黄也成为金丹家制炼"金液"、"还丹"的常药。

在我国的金丹术中，金丹家为了变革某些物质的固有性质，经常、广泛地采用一种以火来制伏药料的"伏火"的手段。这种"伏火"的手段中充满了丰富的化学内容，包含了我国古代的很多化学成就，直接与火药的发明相关。

金丹术中的伏火实验不

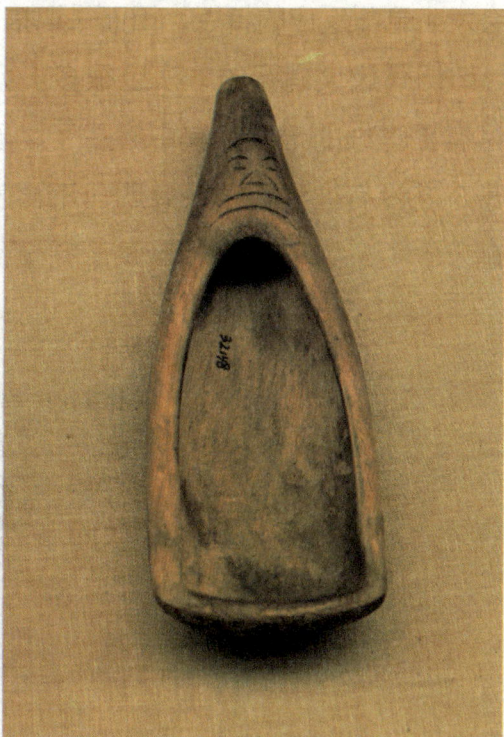

仅丰富了对许多物质性质的认识，同时也借此对爆燃现象进行了较多的研究。其中"伏火硫黄法"、"伏火硝石法"为火药的发明奠定了基础。

唐代孙思邈在"伏火"方面的实验可谓影响深远。在《诸家神品丹法》中记载了"孙真人丹经内伏硫黄法"：

取硫黄、硝石各二两，研成粉末，放在销银锅或砂罐里。掘一地坑，放锅子在坑里和地平，四面都用土填实。把没有被虫蛀过的3个皂角子逐一点着，然后夹入锅里，把硫黄和硝石烧起焰火。等到烧不起焰火了，再拿木炭来炒，炒到木炭消去1/3，就退火，趁还没有冷却，取出混合物，这就是伏火了。

从这一记载可见，当时金丹家已经掌握了硝、硫、炭混合点火会发生剧烈反应的特点，因而采取措施控制反应速度，防止爆炸。

历代伏火硝石的方法也很多。元代人所撰的《庚道集》对此法有更详细的记载，其中解释了物质受热分解后产生氧气泡的情景，若没有这种现象，表明已不再发生反应，这就是所谓的"死硝"。关于如何检验硝石是否完全伏火，《真元妙道要略》中明确指出：伏火硝石的目的是使硝石丧失其助燃性，以避免与其他原料同炼时再发生爆燃等祸事。

此外我国的金丹家还用盐或砒霜等物质来伏火硝石。总之，

金丹家对硝石采取伏火的预处理，明确地揭示他们已清楚地认识到硝石常常是与其他物质合炼中发生爆燃的祸首。经过长期的实践，金丹家已掌握了火药的配方。然而只有将火药的配方真正运用到生产生活，首先是军事上，才能算真正完成了火药的发明。

在火药发明之前，古代军事家常采用火攻这一战术克敌制胜。在当时的火攻中，有一种武器叫"火箭"，它是在箭头上附着像油脂、松香、硫黄之类易燃物质，点燃后射出去，延烧敌方军械人员和营房。但是这种"火箭"燃烧慢，火力小，容易扑灭。如果用火药代替一般的易燃物，燃烧比较快，火力也大。所以在唐末宋初人们已经采用火药箭了。这是火药应用于武器的最初形式。随后又在抛石机的基础上，创造了火炮。

火炮就是把火药装成容易发射的形状，点燃引线后，由原来抛射石头的抛石机射出。火药运用在武器上，是武器史上一大进步。在战争中，火药武器显示了前所未有的威力，这使它很快引起人们重视，许多种火药武器相继出现。

宋真宗时，有个叫唐福的神卫水军队长，把他所制的火箭、火球、火蒺藜献给宋代朝廷。两年后，冀州团练使石普也制得火球、火筋，宋真宗把他招来，并且让他当众做了表演。

北宋时期曾公亮等编写的军事著作《武经总要》，不仅描述了多种火药武器，还记下了当时的3种火药配方。这些配方已同近代黑色火药相接近，具有爆破、燃烧、烟幕等作和用。

这是世界上最早的火药制造配方，它被军事家们制成了火器应用于古代战争，为我国第一批军用火器的发明和制造提供了物质条件。由于战争的需要，火药和火药武器得到了更快的发展，火药的生产被放在了第一位。北宋时期史料中记有"同日出弩火药箭七千支，弓火药箭一万支，蒺藜炮三千支，皮火炮二万支"，清楚地表明了当时火器生产的规模。

至北宋末期，人们创造了"霹雳炮"、"震天雷"等爆炸力比较强的武器。霹雳炮一炸，声如霹雳，杀伤力比较大。

延 伸 阅 读

1273年，元军攻打襄阳，使用一种巨型抛石机，可发射75千克重的石弹。据说这种抛石机是一名叫"亦思马音"的西域人制造的，所以人们称它"回回炮"，或叫"襄阳炮"、"西域炮"。这种炮在炮架上安装铁钩，放炮时，只要把钩拉开，石块立即下坠，将炮梢压下，同时百十千克重的石弹猛然抛出，威力非常大。

独树一帜的酿酒化工

　　我国历史上以农业立国，随着农业生产水平的大幅度提高，为酿酒业的兴旺提供了物质基础，不仅酿造出了久负盛名的粮食酒，还有葡萄酒和蒸馏酒等。

　　我国古代的酿酒技术在生产实践中逐渐确立了技术规程，其化学工艺独树一帜，成为东方酿造界的典型代表和楷模。

　　关于我国酿酒的起源，自古流行着许多传说。其中有一个流传广泛持久的说法是杜康造酒。

　　传说杜康将未吃完的剩饭，放置在桑园的树洞里，剩饭在洞

中发酵后，有芳香的气味传出，这是酒的最初的做法。由生活中的偶然机会作为契机，启发创造发明之灵感，这是很合乎一些发明创造的规律的。

西晋学者江统写过一篇《酒诰》，谈论到酒的源起时说：煮熟的谷物，没有吃尽，丢弃在野外，自然而然就会发霉发酵成酒。这种说法确切地描述了以曲酿酒的源起。此后，逐步又发展到把制曲和以曲为引子酿酒分步来进行。

酒是含乙醇的饮料，在古代的条件下，乙醇是某些糖类化合物在酵母菌所分泌的酒化酵素的作用下被氧化而成的。

糖类或叫碳水化合物包括淀粉，以及麦芽糖、蔗糖、葡萄糖、果糖等简单的糖类。但只有那些简单的糖类才能在酵母菌的作用下转变成乙醇，淀粉则不能。

谷物不能直接发酵转变为酒。但是当谷粒一旦受潮发芽时，谷芽就会自发地分泌出一种淀粉酶，把谷粒中的淀粉水解成麦芽糖。而麦芽糖一旦生成，又与空气中浮游的酵母接触，就会产生出酒。

我国在酿酒的早期阶段，除了麦芽糖酿酒外还有一项极卓越的发明。这就是用发芽、发霉的谷物作为引子，来催化蒸熟或者碎裂的谷物，使它转变成酒。我国古书上把这种发芽而且发霉的谷物称为"蘖"。

这项酿酒工艺的原理大致是这样的：那些发芽的谷物一旦与空气中浮游着的叫做丝状毛真菌的孢子接触，就会在其上生成丝状的毛霉，而毛霉可以分泌出淀粉酶。

另外，发霉的谷物上同时滋生着酵母菌，因此"曲蘖"便具有综合的功能，促使谷物转变成酒，也就是说发芽发霉的粮食浸到水中就会变出酒。

以蘖酿酒和以曲蘖酿酒的经验可能是在差不多的时期取得的。人们利用曲蘖酿酒，经过一段时期的经验总结后发现：只要把谷物蒸煮，放置在空气中，环境适当时就可以发霉变"曲"而无需先使它发芽，即可直接用来酿酒。

以酒曲做引子来酿酒比以蘖酿酒，效率要高得多，也更加简便。

曲的发明极大地推进了酿酒技术的发展，它是我国古代酿酒史上一次重大突破性的进步。从此酒曲的研制、改进就成了酿酒技术中最重要的一环。

商代时人们已清楚地认识到曲蘖在酿酒中的决定作用。《尚书·商书·说命》记载："若做酒醴，尔惟曲蘖。"即既表明酿酒技术的发展对曲蘖技艺的依赖关系，也表明这时期曲、蘖已分

别指两种东西，用于酿酒和制醴。

殷商时期，饮酒的风气极盛。当时只有两种酒，一种叫做"醴"，是用蘖酿的酒，乙醇含量不高，富含麦芽糖，所以味道较甜，酿造的主要原料是小麦和小米，这种酒是酿来吃的；另一种名叫"鬯"，是用黑黍为原料，加了香料，利用曲酿造的香酒，大概主要是用在祭祀上。

周代时，已经总结出了丰富的酿酒经验，有了很完整的一套酿酒技术规程。

《周礼·天官冢宰》记载：周代时宫廷中设有"酒正"，专门掌管造酒的政令；有"大酋"负责造酒的诸般事宜；有"浆人"从事造酒的劳作。

那时吃酒已有两种方法，一种是酒浆与酒糟同吃，这种酒叫"醪糟"，就像今天江南的"酒酿"，大概属于甜酒；一种是酒精，是用布把酒糟挤滤掉，只饮酒浆，这种酒叫"湑"，就像今天的黄酒。

连酒糟一起吃，在远古时期不仅节约，而且也较可口。当时烧、炒、煮等谷物加工方式大都十分简陋，保存熟的或半熟的谷物更是乏术。将它们酿制成酒倒可能是一种简便的有效方法。吃这种酒糟不仅能暖身饱肚，而且还能兴奋精神和舒畅身体。

这种连酒糟一起吃的习俗，至今仍在许多民族和地区中保留着，许多人爱吃酒酿也是一例。

当时有一种较特别的酒，叫做"酎"。其制法是以酒代替水，加到米和曲中再次发酵以提高醇度，如此重复两次而酿成酎。这种酒较浓醇，深受欢迎。

这种采用重复发酵的方法来提高酒的浓度，是当时酿酒技术的一项重要创新，此后得到了推广和发展。

《礼记·月令》有一段介绍当时酿酒工艺的6项经验之谈：精选酿酒原料；选择适当的季节制曲造酒；在用生水泡浸谷物和加热或炊熟谷物的过程中，必须保持用水、用具的清洁；选择香美的水以供酿酒之用；发酵用的和盛酒用的陶器必须完好，不得有渗漏之弊；炊米和发酵时必须火候、温度适当。

只有注意抓住上述6项操作要领，才能保证酿出佳酿，负责酿酒生产的大酋应该监督上述操作要领的执行，千万不要疏忽大意，出现差错。

这些经验是完全符合酿酒生产实际的，所以得到后人的高度重视和借鉴。

关于我国古代制曲技术的记载，还有晋代人嵇康所著的《南方草木状》，其中记载了两广的"草曲"。

制作方法是把米粉与多种草叶混合，以豆科植物野葛汁和淘米水搅拌，揉成团，放在蓬蒿中，于荫蔽地方放置一个多月就制成了。它是用来酿造糯米酒的。

至南北朝时，农学家贾思勰撰著的《齐民要术》中有四篇专门介绍酿酒，共记载当时北方的12种造曲法，并按酿造的效能把酒曲分成3等：酿酒用的"神曲"5种，"白醪曲"和"女曲"各1种，"笨曲"5种，它们都是以小麦为原料的黄酒曲。

贾思勰对酿酒的原料、原料的预处理、酿造温度的控制、水质和原料与水的比例等酿酒的主要条件也都一一地作了总结。

他强调：要将原料淘洗干净；酿造时要分批添加原料，逐级发酵，以调控发酵的温度，特别是在发酵热度高时要及时把醪舒展开；酿酒用水以水脉平稳的河水第一，甜井水次之，而忌用碱水；原料与水的比例则必须依酒曲的质量而定，曲好则投水量要大。

贾思勰已了解到发酵温度过高则使酒变酸。可见1400年前我国的造曲法和酿酒工艺已经有了极丰富的经验和很高的水平。

此外，北宋时期药学家朱肱写了一本《北山酒经》，其第二、第三两卷是专门介绍南方造曲法和酿酒法的。它记录了13种曲的制法。

分为三类：第一类叫"罨曲"，是把生曲放在麦秸堆里，定时翻动；第二类叫"风曲"，是用树叶或纸包裹着生曲，挂在通风的地方；第三类叫"䤖曲"，是将生曲团先放在草中等到生了毛霉后就把盖草去掉。

这些曲分别以麦粉、粳米、糯米为原料，都掺加了一些草药，如川芎、白术、官桂、胡椒、瓜蒂等，可以调节酒的风味。

我国古代在造曲技术上还有一项很值得自豪的成就，就是培育出了红曲。它也叫"丹曲"，是红米真菌在籼稻米上滋生而成的，并长透米粒内外。

因为红曲繁殖很慢，在自然界中很容易被生命力强、繁殖迅猛的其他霉菌类压制，所以这种曲不好制作，也不易发现。即使发现了，也往往因为"不识货"，而以为是造曲失败了。

由于红曲是高温嗜酸菌，所以在较高的温度下，特别是在酸败的大米上，其他菌类多数受到了抑制，而它的优势却显现出来了。所以红霉菌曲的培养成功必然是曲工长期耐心观察、总结经验的成果。

宋应星的《天工开物》对红曲的制作有很翔实的记载。从它的描述，可知明代曲工在制作红曲时，还要往米饭中加酸性明矾水，以利于红霉菌的生长，足见他们的经验多么丰富。

红曲既是中药，又是食品。它的用途很多，除了酿红酒外，更大的用途是作食物防腐剂，在鱼和肉上薄薄敷上红曲，即使在盛暑也能保持风味不变，蛆蝇也不敢接近，因为红米霉可以分泌出强杀菌作用的抗菌素。

所以宋应星说它是"奇药"，李时珍说"此乃窥造化之巧者也"。它又是很理想的食品染色剂，既无毒，又鲜艳，红腐乳就

是利用它着色的。

红曲还是很好的医药，李时珍已经指出，它可治疗赤白痢疾、跌打伤损、消食活血、健脾燥胃。

关于水果酿酒，在汉代以前，我国似乎没有以水果酿酒，也没有这方面的记载。据《汉书》记载，是汉武帝时张骞出使西域，从今中亚费尔干纳盆地的大宛带回来了葡萄种子和葡萄酒。

东汉时成书的《神农本草经》已提到"葡萄……可做酒，生山谷"。但只说可以做酒，没有讲清这是据玉门关外输入的酒而言，还是说这时华夏民族自己已经开始酿造葡萄酒。所以只能说那时已知道葡萄可以酿酒。

至三国时期，中原人已经会酿葡萄酒了，但仍不普遍，味道也不见得好。

至唐代时，从高昌移植来了优良品种的马乳葡萄，又直接吸取了西域的酿造法，于是酿出了"芳香酷烈，味兼醍盎"的葡萄酒。从此，葡萄美酒就在中原大地上盛行了起来。

蒸馏酒的出现是造酒进步史上的又一个飞跃。

我国在宋代开始制造蒸馏酒。酿造的酒中乙醇的浓度不会太高，因为酒中乙醇的浓度超过10％时，就抑制了酵母菌的活动能力，发酵作用也就停顿下来了，取得烈性的浓酒必得通过蒸馏过程。

北宋时期大文学家苏东坡所撰《物类相感志》中有"酒中火焰以青布拂之，自灭"的话，这种可燃烧的酒应是一种蒸馏酒。

南宋时期法医学家宋慈所撰《洗冤录》说道：毒蛇咬伤人，可令人口含烧酒，吮伤口以吸拔其毒。这种可消毒的烧酒似乎也是蒸馏酒。

1975年在河北省青龙县发现了一具同一时期的金代铜胎蒸馏

锅，估计可能是用来蒸酒的。

尽管宋代可能已经有了蒸馏酒，但肯定还十分罕见。即使至明代晚期，宋应星在撰写的《天工开物》中，也没有提及蒸馏酒。李时珍《本草纲目》中固然提到一种烧酒，名叫"阿拉吉酒"，但那是元代时自东南亚传入我国的一种酒，是利用棕榈汁合稻米酿造而成的。

李时珍只说其蒸馏法是"用浓酒和糟入甑，蒸令气上，用器承滴露"。但这是传来的经验，没有提及我国自己设计的蒸馏装置。清代以后，我国民间酒坊采用蒸馏工艺就比较普遍了。

延　伸　阅　读

东汉末期，曹操发现家乡一个家庭酿酒方法，新颖独特。其法是在一个发酵周期中，原料不是一次性都加入进去，而是分为9次投入。该法先浸曲，第一次加一石米，以后每隔3天加入一石米，共加9次。此法在现代称为"喂饭法"，在发酵工程上归为"补料发酵法"。

醋酱酵制与化工技术

　　自然界中的酸味果品和生活中某些变酸的食品，颇受古代先民的青睐，因此便利用粮食酿制出多种风味的醋。酱可以说是酒和醋的孪生兄弟，也是一类经微生物发酵而制成的食品。

　　古代先民对酱和醋的合理利用，不仅使我国的烹饪食品享誉世界，同时对人类饮食文化的发展也是一大贡献。

　　相传醋是"酒圣"杜康的儿子黑塔发明的。杜康发明酿酒术的那一年开了个前店后作的小槽坊，儿子黑塔帮助父亲酿酒，在作坊里打杂，同时还养了匹黑马。

　　一天，黑塔做完了活计，给缸内酒槽加了几桶水，兴致勃勃

的搬起酒坛子一口气喝了好几斤米酒，没多久，就醉醺醺的回马房睡觉了。

突然，耳边响起了一声震雷，黑塔就迷迷糊糊睁开眼睛，看见房内站着一位白发老翁，正笑眯眯地指着大缸对他说："黑塔，你酿的调味琼浆，已经21天了，今日酉时就可以品尝了。"

黑塔正欲再问，谁知老翁已不见。黑塔被惊醒后，回想刚才梦中发生的事情，觉得十分奇怪：这大缸中装的不过是喂马用的酒糟再加了几桶水，怎么会是调味的琼浆？

黑塔将信将疑，其时正觉唇干舌燥，就喝了一碗。谁知一喝，只觉得满嘴香喷喷，酸溜溜，甜滋滋，顿觉神清气爽，浑身舒坦。

黑塔大步走进父亲房中，将刚才发生的事一五一十地告诉了父亲。

杜康听了也觉得神奇，便跟黑塔一起来到马房，一看大缸里的水是与往日不同，黝黑、透明。用手指蘸了蘸，送进口中尝了尝，果然香酸微甜。

杜康又细问了黑塔一遍，对老翁讲的话琢磨许久，还边用手比画着，突然拽住黑塔在地上用手指写了起来："二十一日酉时，这加起来就是个'醋'字，兴许着琼浆就是'醋'吧！"

杜康父子按照老翁指点办法，在缸内酒槽中加水，经过21天酿制，缸中便酿出醋来，再将缸凿一个孔，这醋就源源不断的流淌出来了。

他们将这调味琼浆送给左邻右舍品尝，左邻右舍又连连称赞味道好。

我国是世界上最早以曲作为发酵剂来发酵酿制食醋的国家，据文献记载的酿醋历史至少也在3000年以上。

"醋"我国古称"酢"、"醯"、"苦酒"等。"酉"是"酒"字最早的甲骨文。同时把"醋"称之为"苦酒"，也同样说明"醋"是起源于"酒"的。

汉代我国已经有了食醋。西汉管理宦官的黄门令史游所撰《急就篇》中有"芜荑盐豉醯酢酱"的话；东汉时期崔寔所撰《四民月令》中又有了"四月四日可做醯、酱"的话。

东汉时期，醋不仅食用，并开始作为医药，据说东汉时期名医张仲景治黄汗就用"黄芪、芍药、桂枝苦酒汤"。

在炼丹术兴起以后，苦酒很快又被方士们所利用，据说他们用苦酒和硝石制成溶液，居然溶解了很多矿物，如丹砂、慈石、雄黄等，因此成为"水法炼丹"的主要溶剂。

方士们还把一些矿物质溶入醋中，称之为"左味华池"，也是炼丹术中不可少的药剂。

根据现代微生物学和酿造化学的知识，多数以粮食酿醋的发酵全过程，可分为3个主要步骤：淀粉通过谷芽或毛霉菌的作用发生糖化和液化；通过酵母菌的作用，糖转化为乙醇和二氧化碳；乙醇经醋酸菌的作用，转化为醋酸。

此外，在醋酸发酵的同时，还有其他细菌的酶系作用伴随着发生，如氧化丙醇生成丙酰酸，氧化丁醇生成丁酸，氧化甘油生成二羟基丙酮，氧化葡萄糖生成葡萄糖酸，分解蛋白质为氨基酸。

而这些有机酸又可与醇类缩合生成醇芳的酯，会使醋风味浓酽，香鲜味美。

在古代，人们对发酵缺乏科学了解，全凭经验，所以从酿酒到造出食醋确实需要相当长时期的摸索，而且早期的食醋味道也还不大鲜美，所以汉唐时期还常把食醋称为"苦酒"。

最早记载造醋法的著作大概是汉代人谢讽所著《食经》，其中提到"做大豆千岁苦酒法"，但记述过简，很难估计那种方法的水平。

翔实记载酿醋法的早期著作仍是贾思勰的《齐民要术》，其中不仅有许多"苦酒法"，而且有许多制曲酿醋法。例如"粟米曲作酢法"、"回酒酢法"和"神酢法"等共23种。造醋的原料包括了谷物小米、高粱、糯米、大麦、小麦及大豆、小豆等。

《齐民要术》所介绍的都是制作上等香醋的方法。以其中的"神酢法"为例，做法是这样的：

先做醋曲，将大豆煮熟后与面粉混合，加水调合成饼状，平铺，用叶子盖上，使菌在饼上繁殖。

　　曲菌孢子经过几天后便发芽，生出菌丝，接着菌丝又生育出大量黄绿色孢子满布于曲上。这种黄色曲，古时叫做"黄蒸"。

　　在农历七月初七用三斛蒸熟的麸子加一斛"黄蒸"，放在洁净的陶瓷中，待两物接触发热变得温暖的时候，把它们拌合起来，加水至恰恰把它们淹没。

　　保温放置两天，压榨出其中的清液，放在大瓮中，经两三天后，这时瓮体就会热起来，要用冷水浇淋瓮的外壁，让它冷下来。这时液面上会有白沫泛起，要及时捞起撇掉。满一个月，"神醋"就成熟可食了。

　　从《齐民要术》对众多造醋法的记述可以看出，在北魏时期我国的制醋匠人对酿醋过程中几个关键环节都有了周密的观察，严格的条件控制，他们的一系列判断也很符合现代科学的道理，表明酿醋工艺的成就已经达到了很高的水平。

　　我国最晚在隋唐时期，不仅已经熟练地掌握了用粮食为原料，通过直接生曲、发酵的连续过程来造醋，而且制醋原料更加多种多样，表明已做过广泛的尝试，所以醋的品种极为丰富。

　　据唐代药学家苏敬所撰《唐·新修本草》记载，当时除有米醋、麦醋、糠醋、曲醋、糟醋等粮食醋外，更有以饴糖为原料的糖醋，以桃、葡萄、大枣等为原料的果醋。其中最重要的还是米醋，而且以它的味道最"酸烈"，也只有它能入药。

　　山西陈醋是我国传统食醋，以独特的风味，蜚声宇内。其特点是甘而不浓，酸而不酽，鲜而不涩，辛而不烈。醋曲是用大麦、豌豆和黑豆为原料制作的，以麦壳、谷糠、麦秆、高粱秆为曲床，在25度下发霉而成。

　　造醋时先将粘黄米和高粱合煮成粥，加入20％上述醋曲，经过一个多月便成为醋醪，再加入麸皮、小米糠，拌匀，放置在曲房中在35度下发酵，10天后即成醋糟，于是便移入淋缸淋醋。

　　新醋再经日晒、露凝、捞冰等工序继续发酵和浓缩，风味便越来越佳，经一两年后才食用，所以叫"老陈醋"。

这是它的传统制法，这种配方和工艺在《齐民要术》中已经基本成型了，所以其历史可算有1400多年了。

镇江香醋也是我国传统食醋，其特点是酸而不涩，香而微甜，色浓味鲜，是许多江南名菜的重要调料。

它是以糯米酿造，头道工序是用糯米蒸饭，在30度下糖化、酒化，然后分批添加麸皮、谷糠，进行固态分层次发酵，这样可以总保持发酵物与氧气充分接触，并逐步扩大醋酸菌的繁殖。

其淋醋过程还包括过滤和浓缩，以清除杂质，使醋增浓，并适当消毒，这种香醋要再密封贮存6个月方可出厂。

镇江香醋与陶弘景所提及的米醋属于同源，那么这种类型的醋也有1400多年了的历史。

我国的豆酱是以豆类和面粉为原料发酵制成的，至少也有2000多年的历史了。西汉时期成书的《急就篇》已提到"酱"，唐代人颜师古注释说："酱以豆合面为之也。"

此后，东汉时期哲学家王充的《论衡》、崔寔的《四民月令》都提到做酱，并强调做酱要及时，不要延误到梅雨季节。

《齐民要术》中有12种造曲法，其中有"黄衣"、"黄蒸"，就是用于制酱、制醋的。它们一般是碎块的散曲。前一种是用整颗的麦粒，后一种用春碎磨细的麦粉。蒸熟后摊在席箔上，用幼嫩的荻叶盖上，直至长上一层黄霉菌。

这种曲能分泌出淀粉酶和蛋白酶，对淀粉既具有糖化作用，也具有酒化作用，更重要的是又可水解豆类中的蛋白质成为氨基酸，这是使酱具有香醇和特殊风味的主要原因。

关于黄霉菌的培养以及如何发挥出它所分泌的酶的活力，在《齐民要术》成书时，也已经有了相当成熟而且相当科学的经验。例如贾思勰曾指出：培养"黄衣"要在农历六七月中。

现在知道，黄霉菌的生长需要较高的温度与湿度。而所指示的月份农历六七月正是黄河中下游地区处于盛暑、多雨季节，气温高，湿度大。

又如在酿造时要"于瓮中以水浸之，令醋"，所谓"令醋"是指让它发酵变酸，现在已知，黄霉菌能耐微酸性的环境，而"令醋"可抑制一部分不耐酸的杂菌。再如，酿造酱时都要加入盐，这样可抑制很多腐败菌和有损人体健康的细菌的繁殖。

我国豆酱的传统制法，是先把大豆浸泡、蒸熟，拌入约25％的用麦粉制成的"黄蒸"类曲子，拌入15％至20％的浓盐水，搅揉成

团，放在太阳下曝晒半个月至两三个月，或在室内搅拌几个月至一年，于是在各种微生物作用下就成为具有独特香味的豆麦酱。

有了豆酱，只要通过沉降、过滤、淋洗或压榨的方法就可以从豆酱提取到酱油了。这种食法至迟在东汉时期已经有了。《四民月令》中提到"清酱"就是酱油。

《齐民要术》在"做酱"一章中固然没有提到酱油，但在烹调食物的章节中，在"炮豚法"及"炮鹅法"中都用到"酱清"，也就是清酱。

至唐代，酱油就普遍被采用为调味品了。有趣的是酱油那时竟然也进入了医方。孙思邈的《千金要方》治手指掣痛就是"用酱清和蜜温热浸之"，还说，"鲫鱼主一切疮，烧作灰，和酱汁敷之"。唐代医家王焘所著综合性医书《外台秘要》也有用到酱油的医方。

延 伸 阅 读

清徐是山西老陈醋的正宗发源地，也是中华食醋的发祥地，距今已有4000多年了。相传，帝尧定都清徐县尧城村后，采摘瑞草"莨荬"以酿苦酒。这里所说的苦酒就是人类最早的酸性调味品醋。

染料和色染化学成就

我国很早就利用植物、矿物染料对织物或纱线进行染色，并且在长期的生产实践活动中，掌握了各类染料的提取、染色等工艺技术，丰富了我国古代的物质文化生活。

我国古人在实践中开拓了染料、颜料的选择范围，并在"蜡缬"、"绞缬"、"夹缬"等染花过程中，运用化学工艺，生产出五彩缤纷的纺织品。

大约在新石器中期，居住在青海柴达木盆地诺木洪地区的原始部落，当人们采摘、摆弄鲜花野草时，某些花草中的浆汁沾在手上，蹭在身上，就会染上颜色。于是，人们便想利用它们来染色了。

最初是把花、叶搓成浆状物，以后逐渐知道了用温水浸渍的方法来提取植物染料。选用的部位也逐渐扩展到植物的枝条、树皮、块根、块茎以及果实。后来，通过千百年的努力，人们逐步判断出几种特别适宜做染料的植物，把毛线染成黄、红、褐、蓝等颜色，织出带有彩条的毛布。

例如用蓝草来染蓝，用茜草来染红，用黄柏来染黄。又分别探讨出各种染料的一些习性和必要的一些加工工艺。接着由于染料的需求量猛增，人们便有意识地大规模栽培这类植物并研究栽培的方法。色染逐步成为一种专门的技艺和行业，我国古代称之为"彰施"。这个词最早见于《尚书·益稷》，它记述了舜对禹讲的话，舜让禹用五种色彩染制成5种服装，以表明等级的尊卑。

我国古代陆续常用的染料有红、黄、蓝、紫、黑。最初主要来自植物，后来人们又通过加工提纯矿物进行染色。

红色染料有红花、茜草和苏木。红花也叫"红蓝花"、"黄蓝花"等异名，是草本植物，提取染料部分为花。其红色素易溶于碱水，加酸又可沉淀出来，所以红花染色的织物不能用碱性水去洗涤。茜草又写作蒨草，又名"茅搜"、"茹藘"，是草本植物，可提取染料的部分为根茎。因为这种染料色泽鲜美，很受欢迎，销路很大。苏木是热带乔木，其干材中含有"巴西苏木素"，原本无色，被空气氧化后便生成一种紫红色素，可作为染料。由于苏木中还含有鞣质，所以用苏木水染色后，再以绿矾水媒染，就会生成鞣酸铁，是黑色沉淀色料，颜色会变成深黑红色。

黄色染料主要有黄栌、黄柏、栀子和槐。黄栌是一种落叶乔木，从其干材中可浸渍出一种黄色染料。黄栌木本为药材，唐代用于染色。黄柏从其木材和树皮都可浸出黄色染料，不过应用较少。它与靛青套染，则成为草绿色。但我国古代常用它染纸，制成"防蠹纸"，可以防虫蛀。栀子有时写作"枝子"、"支子"，又名"木丹"、"越桃"。其果实椭圆形，是药材，并可从中浸取出黄色染料。据李时珍说，还有一种红花栀子，以其果实染物可成赭红色。所以栀子又称"黄栀子"。槐是一种落叶乔木。槐花未开时，其花蕾通称"槐米"。李时珍曾指

101

出，槐米"状如米粒，炒过，煎水，染黄甚鲜"。

在古代，蓝色的服装往往是平民穿戴的，所以蓝色染料用量极大。在这类染料原料中蓝草是从古至今最著名的制取蓝色染料的草本植物。蓝草有5种，分别是茶蓝、蓼蓝、马蓝、吴蓝、苋蓝。在蓝草的叶子中含有一种色素，染于织物上后，经日晒，空气氧化，就生成"蓝靛"。这种染料非常耐日晒、水洗和加热，所以自古受到欢迎，历来都作为经济作物而大面积种植。

我国自古染紫都用紫草，《神农本草经》已经著录，它有"茈草"、"地血"等别名，是多年生的草本植物。它的花和根都是紫色，从其根、茎部可提取出紫色染料。

我国古代黑色染料的原料都是一些含鞣质的植物的树皮、果实外皮或虫瘿，例如五倍子壳、胡桃青皮、栗子青皮、栎树皮及其壳斗、莲子皮、桦果等。它们的水浸取液与媒染剂绿矾配合，便生成鞣酸亚铁，上染后经日晒氧化，便在织物上生成黑色沉淀色料。因绿矾常用于染黑，所以又叫皂矾。

对于上述这些植物，需要染工便预先处理，对有效成分加以提取、纯制，做成染料成品。这样便出现了古代的染料化学工艺。

比如蓝草的化学加工,据《齐民要术》和《天工开物》记载,是把它们的叶和茎放在大坑或缸、桶中,以木、石压住,水浸数日,使其中的"蓝甙"水解并溶出成浆。

每水浆一石,下石灰水5升,或按1.5%的比例加石灰粉,使溶液呈碱性,其中无色的靛白便很快被空气氧化,生成蓝色"靛青"沉淀,滤出后晾干即为成品。临到用时,将靛青投入染缸,加入酒糟,通过发酵,使它再还原成靛白并重新溶解,即可下织物进行染色工序了。这种"靛青"制作和染色的化学工艺大约在春秋战国时期已经发明。

我国色染技术也有一个由简单至复杂,由低级至高级的过程。最初是所谓"浸染",就是把纤维或织物先经漂洗后,浸泡在染料溶液中,然后取出晾干,就算完成。但由于染料品种有限,浸染出的颜色种类就比较单调。比如,很难找到合适的天然绿色染料,染绿就发生了困难。于是便进一步发展出了"套染"。套染是把染物依次以几种染料陆续着色,不同染料的交配就可以产生出色调不同的颜色来,或以同一染料反复浸染多次,又可得到浓淡递变的不同品种。例如先以黄柏染,再以靛青染,就可以得到草绿色;以茜草染色,以明矾为媒染剂,反复浸染不同遍数后,颜色就会由桃红色过渡到猩红色;以茜草染过,再以靛青着色,就可以染出紫色来。

这种套色法,我国殷周时就逐步掌握了。大约在战国时期成书的《考工记》以及汉代初期学者缀辑的《尔雅》都提到:以红色染料染色,第一次染为纁,即淡红色;第二次染为赪,即浅红色;第三次染为纁,即洋红色;再以黑色染料套染,于是第五次

染为緅，即深青透红色；第六次染为玄，第七次染为缁，即为黑色。

从马王堆汉墓出土的染色织物，经色谱剖析，有绛、大红、黄、杏黄、褐、翠蓝、湖蓝、宝蓝、叶绿、油绿、绛紫、茄紫、藕荷、古铜等色的20余种色调。显然它们都是采用套染技术染成的，表明我国的套染技术在汉代已很成熟，经验已非常丰富。为了使服装更加华丽多彩，我们的祖先又早在春秋战国时期开始研究、发展多种敷彩、印花的色染工艺。至西汉时期，我国在丝织品上以矿物颜料进行彩绘的技术已很高超。例如马王堆汉墓出土的绫纹罗绵袍就是用朱砂绘制的花纹，十分鲜亮。当时凸版印花技术也已相当成熟，马王堆出土的金银色印花纱，竟是用3块凸版套印加工的，有的印花敷彩纱，其孔眼被堵塞，表明印制图案时已采用某种干性油类作胶粘剂调和颜料，这种色浆既有一定的流动性，但又不会渗过织物。

在秦汉时期，我国西南地区的兄弟民族则又发明了蜡染技术，在古代叫做"蜡缬"，"缬"就是有花纹的丝织品。这种技术是利用蜂蜡或白虫蜡作为防染剂。

他们先用熔化的蜡在白帛、布上绘出花卉图案，然后浸入靛缸染色。染好后，将织物用水煮脱蜡而显花，就得到蓝底白花或蓝地浅花的印花织品，有独特的风格，图案色调饱满，层次丰富，简洁明快，朴实高雅，具有浓郁的民族特色。

在南北朝时期，我国大江南北又流行起"绞缬"、"夹缬"等染花技术。绞缬是先将待染的丝织物，按预先设计的图案用线钉缝，抽紧后，再用线紧紧结扎成各式各样的小簇花团，如蝴蝶、腊梅、海棠等。浸染时钉扎部分难以着色，于是染完拆线后，缚结部分就形成着色不充分的花朵，很自然地形成由浅至深的色晕和色地浅花的图案。

夹缬的技艺则有一个从低级到高级的发展过程。最初是用两块雕镂相同图案的木花板，把布、帛折叠夹在中间，涂上防染剂，例如含有浓碱的浆料，然后取出织物，进行浸染，于是便成为对称图案的印染品。其后，则采用两块木制框架，紧绷上纱罗织物，而把两片相同的镂空纸花版分别贴在纱罗上，再把待染织品放在框中，夹紧框，再以防染剂或染料涂刷，于是最后便成为

白花色地或色花白地的图案，很像今天的蜡纸手动油墨印刷。

盛唐时期，夹缬印花的作品图案纤细流畅，又有连续纹样，已不是上述技术所能实现的。据印纺史家推测，这时已能直接用油漆之类作为隔离层，把纹样图案描绘在纱罗上，因此线条细密，图案轮廓清晰，纹样也可以连续，这种工艺可称为"筛罗花版"，或简称"罗版"。这种设想已为模拟试验所证实。

至宋代，镂空的印花版开始改用桐油竹纸，代替以前的木版，所以印花更加精细。更在染液中加胶粉，调成浆状，以防染液渗化。

我国古代的印染工艺，充分体现了古代匠人绝顶的聪明才智和高度的文化素养，他们为美化人类的生活做出了卓越的贡献。

延 伸 阅 读

我国历代都很重视染色这项技艺，从周代至清代，各代王朝都设有掌管染色的机构。在周代，总御天下百官的天官下有"染人"，就是管理染色的官员；在秦代设有"染色司"；自汉至隋各代都设有"司染署"；唐代的"织染署"下有"练染作"；宋代工部少府监有"内染院"；明清时则设有"蓝靛所"。